踏ん張れ地方局

片隅からのジャーナリズム

原　憲一

山陽新聞社

はじめに

地方局の五十年を振り返り、今改めて思い起こしてみると、私は岡山・香川から日本各地、さらに、中東を中心にした世界の片隅ばかりを、駈けずり回って取材してきた気がする。東京・ワシントン・ロンドン・パリではなく、片田舎のネタばかりを追い掛けてきた五十年だった。才能豊かな華々しいジャーナリストでもない私には、片田舎の取材が似合っていたということかもしれない。

一九七〇(昭和四十五)年に地方局に就職し、アナウンサー、ラジオ・ディレクター、テレビ報道記者、海外特派員、報道番組キャスターとさまざまな放送業務に携わってきた。五十年を振り返って力を込めてきたのは、ラジオ・テレビでの地方局らしい取材報道活動だった。

放送エリアである岡山・香川の隅々の、微かな動きにもこだわってきた。また列島の隅々の人々にも固執した。北限のニホンザルに襲われる青森・脇野沢村(現むつ市)の老人たち、沈没船引き揚げを叫ぶ長崎・生月島《いきつきしま》の漁民。また、中東・アフリカでも、同じく片田舎のネタを追い掛け続けていたような気がする。

一九九一（平成三）年の湾岸戦争でも、サウジ北部の国境の町カフジに固執した。パレスチナ紛争でも、狭い占領地に百万人がひしめくガザを集中的に取材した。東京やニューヨーク、ワシントン・ロンドン・パリではない、地球の片隅が地方局出身の私らしい取材現場だったような気がする。


さまざまなニュースの現場で、苦手というか、気の乗らない仕事の一つが、〈現地からの立ちリポ〉だった。今のテレビが好んで使う手法だが、取材に時間を掛けなくても、現地報告らしきものが出せるのだが、あまり意味があるものではない。

かつて、中東取材中の私にも、何度も〈顔出しの立ちリポ〉を要求されたことがあった。全てのワイド番組がリクエストしてくるので、多い時には、一日四回も顔出しリポートをした日もあった。まるでレントゲン撮影を一日中やっているようで、現地での取材は、まったくできない状態が続いていた。

取材ができないから、情勢分析は、ほとんど東京から送られてくる情報で、リポートを作り上げなければならない。そんな形式だけのリポートをやるために、現場に行ったわけでもないのにそんな状態が何日も続くと、海外報道とは一体何なのか、という疑問が湧いてきた。

しかし、問題は、そんな形式だけのリポートでも、意気揚々と、得意げにこなす記者やキャスターが多くなった。地方で何か大きなニュースがあると、必ず東京のキー局が、現地に著名リポーターを送り込んでくる。地方局の記者は現場には行くが、著名リポーターのサポートをやるだけ。

地元に関係ない著名リポーターは、事件前や災害前の現場を知らないので、的外れなリポートになってしまう。それでも、手慣れた常套句を並べて、見た目は、素晴らしい現場リポートが成立する。視聴者も何となく納得してしまうが、肝心なことは何も伝わっていない。

一昔前、キー局のスタッフが、地元局に連絡もせず、ある村でもめている大騒動を取材したことがあった。関係者の一人にインタビューし、それを全国放送したのだが、放送後、県警の関係者から、

「貴方の局は、警察で問題視している人物の意見を、何故全国放送したのか?」

との問い合わせがあった。

調べてみると、その人物は騒ぎの当事者ではあるが、反社会的団体、暴力団の関係者で、問題をすり替えた都合の良い暴論を述べただけだった。

東京のテレビ局からは、毎日多くのニュース番組が流されている。各番組の人気キャスターが、小気味よく原稿を読み、現場のリポーターを呼ぶ。現場からは、百戦錬磨の万能放送記者が、流れるようなリポートを伝える。最後には

「また何か変化があったら伝えてください」

で、そのニュースは終わってしまう。

また、ある報道番組では、花形キャスターが、世界のどこで何が起きても、いち早く現場に飛んで、わずか数時間の取材で華々しいリポートを伝える。

そうした莫大な経費と時間を投入したニュースが、毎日毎日、大量に流されている。何を伝えたかったのか判然としないニュースもあるが、それでも大量のニュースが、今日も垂れ流されている。

ニュース番組といえども視聴率が求められる時代である。視聴率を稼ぐためには、地味な暗いニュースでもショーアップされてしまう。派手なタイトルで始まるニュースショーらしく、報道現場など一度も足を踏み入れたことのないような、美男美女のキャスターたちが、繰り返し、繰り返し、ニュースを並べていく。

そんな視聴率第一の大量生産のニュース制作に携わるより、地方局らしく、片田舎の片隅の人間の苦しみや悩み、不満を丹念に追い掛け、人々の呟きを集めて伝える仕事の方が、私には似合っていた。

五十年間の片隅の取材活動を、全て書き出すことはできないが、地方局の報道現場で活躍する記者たちへの、大いなる期待も含め、綴ってみた。この書は、いわば私自身のテレビ報道へのエンディング・ノートでもある。

踏ん張れ地方局

「片隅からのジャーナリズム」

目次

映像提供　ＴＢＳテレビ・ＪＮＮ
資料提供　ＲＳＫ山陽放送資料室

追悼　桑田茂同志

追悼　桑田　茂同志

桑田茂第九代ＲＳＫ山陽放送社長が急逝した。

地域の発展を真剣に考えていた地方局の同志が一人消えてしまった。死の三時間前まで、私と話し合っていた桑田社長の突然の死は、あまりにも衝撃的であり、深い悲しみは、一か月過ぎた今になっても消えない。

彼は、私より五歳若い六十八歳だった。報道畑一筋の記者だった彼とは、四十五年もの付き合いになる。社会部記者時代は、警察ネタや暴力団関係の取材で彼の右に出る記者はいなかった。どちらかというと武闘派的な彼の取材突破力は、相当なものだった。大股で力強く歩く、社会部記者らしいスタイルを、社長になっても崩すことはなかった。彼の決断力と、地域を見詰める放送人として、地方局山陽放送のトップに相応しい人物と考えていた。

彼は、山陽放送の新社屋建設に関しても、十年前の建設予定地探しから、力を出し切った。我々の世代とは違った新しい視点と、挑戦的なチャレンジ精神で、新しい社屋を建設した。

五十年近く昔、新幹線岡山開業を記念して、山陽放送は岡山駅に「躍進」という岡本太郎作の大きな陶板を飾り付けた。新幹線乗車口へ向かう市民は、大阪万博を盛り上げた岡本太郎の作品である「躍進」に鼓舞され旅立った。そして新幹線で故郷に帰った時も、この「躍進」に温かく迎えられた。その「躍進」を、天神町の新社屋の正面壁に張り付けた。桑田社長も、「躍進」を地域応援の象徴であると考えていた。

また、全国のどこの放送局にもない「能舞台」もしつらえた。それは、六百五十年続いた「能」の継続力を放送局のパワースポットにしたいという思いからだった。能の世阿弥は、「初心」つまり、「衣を刀で断ち切る心」。固定概念を取り払い、常に新しいイノベーションを巻き起こせと説いていた。組織や伝統は、時代に合わせ、形を変化させれば、長く継続できるという「能」の継続精神でもあり、日本に長寿企業が多い、一つの理由ともいわれている。それは、まさしく放送事業の在り方にもかかる考え方である。

こうした桑田社長の、放送人としての理念と実行力は、山陽放送の歴史に深く刻み込まれるはずである。彼には、次のリーダーを育てる使命が残されていたが、道半ばにして去ってしまった。我々は、彼の遺志を尊重し、新しい時代への道を模索しなければならない。

私と彼の考え方で、完全に一致していた点は、地方局の使命は、地域の発展のためという一点だった。大都市への一極集中が続き、東京五輪や大阪万博開催といった話題で盛り上がる中、地方は存在感を薄めている。荒れ放題の休耕田、森が死んでいく山々、広まる限界集落など疲弊し続ける地方を守る使命を、地域放送は担っている。そんな地方に元気をもたらすのが、片田舎の小さな放送局の大きな一分でもあった。彼の遺志を継承し、後輩たちに伝承していくことを誓うとともに、彼の安らかな眠りを願いたい。この書を彼に、一番に読んでもらいたかった。だが、間に合わなかった。それが残念でならない。

桑田社長が、生前、新社屋で一番気に入っていた場所は、屋上テラスだった。今、屋上テラスには、久留米ツツジが、初めて満開の花を咲かせている。ツツジ越しには、清流旭川が流れ、金烏城・岡山城が聳え立っている。

その見事な満開のツツジを見ることもなく、桑田社長が逝ってしまった。紫や深紅の美しい花を咲かせる、素朴な花でもある久留米ツツジは、桑田社長が大好きな花だった。

踏ん張れ地方局「片隅からのジャーナリズム」

原　憲　一

1970（昭和45）年、アナウンサー時代の筆者

1

夢ふくらむ、万博とRSK入社

夢ふくらむ、万博とRSK入社――1

「こんにちは♪　こんにちは♪　世界の国から、こ〜んにちは〜♪」

三波春夫の笑顔は、高度経済成長に沸く、当時の高揚する国民的気分を象徴する表情でもあった。一九七〇(昭和四十五)年、万国博覧会開催で盛り上がっていた春、私は大学を卒業し岡山に本社を置くローカル局、山陽放送にアナウンサーとして入社した。

この一九七〇年は、さまざまな事件も発生した、戦後と呼ばれた最後の年だったかもしれない。三島由紀夫の「盾の会」事件が発生したのは、この年の十一月二十五日のことだった。

三島由紀夫は、阿佐ヶ谷の自衛隊本部で、自衛隊に決起を訴えたが、自衛隊員に聞き入れられず、割腹自殺した。衝撃的な事件だった。ノーベル文学賞の候補にもなった天才作家の四十五歳の早すぎる死は、衝撃のニュースだった。現場からのテレビ中継も、最初「三島由紀夫さん」と伝えていたが、しばらくして「三島由紀夫」と変え、大作家の暴挙に混乱気味だったのを覚えている。

なぜ放送界を目指したかと問われても、自慢できるような大きな理由はなかった。大学でたまたま放送研究会に所属していたので、何も考えずに放送局を受験しただけのことだった。アナウンサー職希望者は、最近でもそうだが、アナウンサーになれるのなら、どこの放送局でも結構というのが普通であった。

本当は、活躍の機会が多い、東京や大阪の大都市圏の放送局に入社したいのだが、気の遠くなるような狭き門で、簡単に入社できない。私も、六社くらいの放送局の入社試験に挑んだが、結局最後に挑んだ山陽放送にアナウンサーとして、ギリギリで入社できた。

運よく、出身地である岡山の地方局、山陽放送に入社できたのだから、幸運だったのかもしれない。それから実に五十年もの間、山陽放送に所属し地方にかかわってきた。山陽放送にアナウンサーとして入社して二十年後の一九九〇(平成二)年には、中東特派員としてカイロに赴任し、入社時は予想もしていなかった紛争取材の三年間を過ごした。

五十年以上もの放送局勤めの多くは、ラジオ・テレビでの現場取材にかかわる仕事だった。ラジオのドキュメンタリー制作、テレビニュースの現場リポートと、さまざまな場面で取材者として反省の繰り返しもあったが、私なりのできる限りのリポートを送り続けてきたと考えている。

五十年の放送活動を通じて、常に気に掛けていたことがある。それは、「まず現場」ということだった。頭脳明晰な、一流メディア人でもないので、愚直に現実を見詰めることしかできなかったが、社会の「片隅」に押し込められそうな事実を、「見落とさない」ことこそ放送の役目と考えてきた。

また、記者がネタに素早く飛び付くことも大事だが、もっと大事なことは、世間がそのネタについて忘れてしまっても忘れないことだ。物事には、ずいぶん時間が経ってから真実が浮かび上がって来ることがあるからだ。これは放送だけでなく、ジャーナリズムの基本スタンスであると、私は考えている。

昭和30年代のラジオ

我が心のラジオ時代

2

我が心のラジオ時代 2

勤続五十年の地方局勤務で、常に気になっていたのが、ラジオの存在だった。地方局にとってラジオは、地域に根ざした欠かせない媒体だが、近年の厳しい営業環境の中で、ラジオの売り上げは長く低迷している。しかし、災害時での情報発信、高齢化社会での安心情報など、ラジオの媒体価値は地方ほどより高く、今でも何とかしなければという思いを強く持っている。

私が生まれたのは、太平洋戦争終結の二年後で、混乱の残る一九四七（昭和二十二）年五月だった。岡山で民間放送がラジオ放送を開始したのは、私が六歳になった一九五三（昭和二十八）年の十月のこと。朝鮮動乱の特需景気で、戦後復興がやっと軌道に乗ったころだった。

まだ幼稚園児だった私に、当時のラジオに深い記憶もないが、ラジオが一家の中心軸にあった感じは覚えている。薄暗い裸電球の下で、両親が夜になるとラジオ番組を静かに聴いていた。どんな放送だったかはよく覚えていないが、浪曲師や講談師の名調子が、子守唄のように心地よい眠気を誘っていたような記憶がある。どんなストーリーか、子どもには理解できない内容だが、読書中の父親も、裁縫仕事中の母親も押し黙ったまま、静かにラジオを聴いていたような気がする。

ラジオとは直接関係はないが、昔はどこの家でも、母親か父親が、子どもに物語の読み聞かせをしていた。こんな話を聞いたことがある。子どもは胎内にいる時から母親の声の響きを認識していて、乳幼児になっても、その安心できる母親の声で朗読されると、落ち着いて聞き入ってしまうのだという。音声だけで物語を聞くことで、子どもたちの想像力が大きくなり、情緒性が豊かになり、イメージをふくらませることのできる子どもに成長していくということかもしれない。

でも、自分自身が子どもに読み聞かせをしたかと問われると、恥ずかしながら覚えがまったくない。手を抜いたというより、映像のあふれたテレビの時代の子どもたちにとっては、親の読み聞かせなど面白くもないということかもしれない。

NHKや民放の洗練された子ども向け番組にしか、子どもたちは関心を持たなくなってしまっていた。

「大きな、大きなクジラが、ゆっくり泳いでました」

という朗読も、テレビのアニメだと、見たままのクジラしか見えないが、音声だけだと子どもたちは、頭の中で、島のような大きなクジラを連想したり、自由にイメージをふくらませていく。

言葉で聞いたことを連想していく作業の中で、子どもたちのイマジネーションの世界が広がっていくのかもしれない。

最近、若者が簡単に人を殺してしまう事件が多い。殺すことに逡巡が感じられない。もし若者に、豊かな情緒性、特にイマジネーションをふくらませる力があれば、殺意を持った相手が、家族の愛情に包まれ育ったことにイメージをふくらませ、一瞬殺意を逡巡する可能性も出てくる。

しかし、最近の犯罪を見ていると、そうした情緒性が、欠落しているのではと感じることが多い。極端な言い方をすれば、音の世界だけで作るイメージ教育の欠如が、刹那的、短絡的な若者の行動を生んでいるのかもしれない。

自分自身で初めてラジオを意識したのは、小学校三年生の時だった。私が通っていた小学校では「ラジオの時間」というのがあって、毎週一回、NHKラジオの「仲良しグループ」というラジオ番組を、クラス全員で聴いていた。

教室の片隅に大きな家具のようなラジオが置いてあって、ラジオの時間になると担任の先生が電源を入れ、チューニングをして、大きな音量で聴かせてくれていた。

その「仲良しグループ」という番組は、全国の小学生から寄せられたハガキを、次々と紹介していくラジオ番組だったと記憶している。

あるとき、教室の全員で感想文を書いて、NHKに郵送したことがあった。全国の子どもたちのハガキをわずか三十分の番組で紹介するだけだから、片田舎の小学校からのハガキが紹介されるのは不可能と、全員が期待もしていなかった。

ところが奇跡が起こった。翌週、なんと私のハガキがラジオで紹介されたのである。

「それでは、次のハガキを紹介します」

美しい女性アナウンサーの声が、次々と全国から寄せられたハガキを紹介していく。

「次は、岡山県和気郡備前町（現備前市）の、片上小学校三年の原憲一君からのハガキです……」

教室の全員が、大歓声を上げて騒ぎ出したため、ハガキの内容はほとんど聴き取れなかった。大したことは書いてなかったはずなので、まるで年末ジャンボ宝くじに当たったような気分だった。三年は四クラスあったが、全てのクラスが同じ放送を聴いていたので、学年全体が大騒ぎになってしまった。

学年全体で二百通以上のハガキを出していた。おそらく全国から何千ものハガキがＮＨＫに寄せられていたはずである。なぜクネクネした、汚い文字の自分のハガキだけが紹介されたのか分からなかった。

しかし、その瞬間から私は校内でスターになってしまった。その時の、天まで舞い上がってしまいそうな気持ちは、今でも記憶に鮮やかに残っている。この時から、私は何となくラジオが好きになっていったのだろう。

その当時は、夕方NHKや民放が、ラジオドラマを放送していて、「オテナの塔」や「笛吹童子」などは、家に早く帰って、一生懸命耳を澄まして聴き入っていた。「パカラッ、パカラッ」と馬が走る効果音を聞いて、荒野を疾走する馬上の鞍馬天狗を連想したり、「チョロチョロ」という水音に、清らかな川の流れを想像したり、現代のテレビでは味わえない、なかなか楽しい音の世界だったような気がする。

父親や母親は花菱アチャコと、浪花千栄子の「お父さんはお人好し」を聴いて大笑いしていたり、祖父は広沢虎造の浪曲を、感極まって鼻をすすりながら聴いていたりした。物の乏しい貧しき時代だが、現代ではありえない、豊かな音に包まれた生活があったような気がする。

こんな話も聞いたことがある。

テレビでニュースを見た人と、ラジオの音声だけでニュースに触れた人とを比べると、テレビでニュースを見た人は、死傷者の数や、さまざまな数字情報を後で聞かれても答えられない。しかし、ラジオでニュースを聞いた人の多くは、正確に数字を記憶しているという。多分、ラジオニュースの場合は、ニュースの内容を、自分自身でイメージしながら聞いているからだと思う。テレビニュースは、一方的で漠然と見ているだけで、何も記憶されないことが多いという。

童話作家の宮沢賢治は擬態語、擬声語オノマトペを活用した文章で知られているが、これこそラジオ的音の世界なのだ。「風の又三郎」でも、オノマトペが生きている。

「……その時、風は、ザアーと吹いてきて、土手の草は、ザワザワ、波になり、運動場の真ん中で、サアッーと塵があがり、それが玄関までくると、キリキリと回って小さなつむじ風になって……」

こんな文章をラジオを通じて子どもたちに聞かせてやれば、情緒豊かな子どもに育っていくような気もする。

宮沢賢治の最愛の妹トシが、結核に冒され病床に伏している時、賢治が毎日童話を読んで聞かせたら、奇跡的に元気を取り戻したという話が伝わっている。大好きな兄賢治の声で童話を聞くことで、免疫力が上がった可能性もあるといわれている。音だけの世界で、何かの身体的変化が生まれたのかもしれない。

最近、独り暮らしのお年寄りが増えているが、女性の高齢者は、比較的さまざまな人々と、積極的にコミュニケーションの場をつくろうとするが、男性の高齢者の多くは家にこもりがちで、他人と口を利かなくなってしまうことが多い。近所の人と言葉を交わすのも煩わしくなっていき、一週間も二週間も、言葉を口にしないようになってしまい、認知症予備軍になってしまうという。

確かに電車などで、高齢の婦人グループが、楽しそうに旅行しているシーンは、よく見掛けるが、高齢男性グループは、あまり見掛けることが少ない。引きこもってしまうのは、男性高齢者が多い。

そういう引きこもりの高齢男性でも、ラジオを毎日聴いている男性は、比較的、言葉を多く発する。それは、ラジオは、しゃべり手が、リスナーに話し掛ける要素が多く、疑似コミュニケーションが成立しているからかもしれない。

ラジオ朝ワイド番組で、アナウンサーが、

「みなさーん、お元気ですか」

と呼び掛ければ、無口の引きこもり男性高齢者は、無意識に心の中で言葉を返しているのかもしれない。

確かに、テレビは、一方的に高速で情報を垂れ流すだけだが、ラジオの喋り手はリスナーの反応を、連想しながら語り掛けている。

映像のない音だけのラジオの特性や優位性を、我々は再認識すべきかもしれない。少なくとも高齢者比率の高い地方のラジオは、そうしたコミュニケーション重視のラジオ放送を、大切にしてほしいと願う。

昭和30年代のテレビ

3

14インチ白黒テレビと少年時代

3

14インチ白黒テレビと少年時代

テレビを初めて見たのは小学校五年生の時だったと思う。学校の帰り道、ある大きな寺の住職がテレビを持っていると聞いて、その息子に見せてほしいと頼んで見せてもらった。もちろん、白黒で小さな十四インチの小さな画面だった。

夕方の子ども番組だったと思うが、ノイズが入ったような不安定な映像だが、登場人物が映画のように動いていて驚いた。物知りを自慢していた友人に、何で動くのだと尋ねたら、

「あれは絵を書いた紙が、何枚も何枚も、太い電線を伝って送られてくるんだ」

と言われ、納得してしまったという、嘘のような思い出が残っている。

我が家に初めてテレビ受像機がやってきたのは、一九五九(昭和三十四)年春だったと思う。四月には皇太子殿下と美智子さまのご成婚パレードが予定されており、多くの家庭が、貯金をはたいてテレビ受像機の購入を決めていた。

当時のサラリーマンの月収は一万円前後だが、テレビは十万円もしていたので、相当無理をし

て買った家庭が多かったと思う。

十四インチの松下電器（現パナソニック）のテレビが来た日のことはよく覚えている。学校から帰ると、家の近くの火の見やぐらに電気店の男性店員が上り、頂上にアンテナを取り付けていた。今なら消防署からクレームがきそうだが、アンテナから自宅までは三十メートルは離れていたと思う。

夕方になって近所の人たち十人近くが集まり、テレビの電源スイッチを入れたが、何も映らなかった。ザ～という雑音と、斜めに激しく揺れる乱れた映像が、映し出されただけだった。

電気店の作業員が火の見やぐらの仲間に大声で叫び、火の見やぐらの従業員はアンテナの方向を北へ向けたり南へ向けたりした。上と下の大声のやり取りで、近所からさらに大勢が集まってきた。

一時間ほどアンテナの調整をしてやっと、ＮＨＫと山陽放送だけ映るようになった。映し出された映像は、夕方のテストパターンで、放送局のコールサインしか映っていなかった。それでも集まった大人たちは感動した様子で、まったく動かないテストパターンを、長い時間じっと見詰めていた。

そのころは、夕方六時ごろからしか放送していなかった。今日のハイビジョン画面が嘘のように思えるほど乱れた映像だが、それでも期待に胸ふくらむものだったことは間違いない。二年ほどして近くの山頂に共同アンテナが設置され、日テレ系の香川の西日本放送なども見えるようになったが、それでも見ることができるのは三つのテレビ局だけだった。

当時のＮＨＫの番組で覚えているのは、「バス通り裏」、「私の秘密」などだったが、「大相撲中継」は、毎回人だかりができるほどだった。

まだテレビ受像機を購入していない近所の人たちは、初めは丁寧なあいさつをして、申し訳なさそうに座敷に上がり込んできたが、毎晩のことなので、そのうち黙って勝手にテレビの前に陣取るようになってしまった。どんな時間でも、近所の誰かが、我が家の居間に座っている。我が家の夕食時でも二～三人はテレビの前にいるという、まるでコミュニティーハウスのような状態になってしまった。

見物人が一番多かったのは、毎週金曜日午後八時からの「プロレス」の時間だった。力道山やルー・テーズ、ブラッシーなど人気プロレスラーが登場する時は、三十人近くのファンが、狭い我が家に押し寄せ、ボロ屋の床が抜けてしまったこともある。

これまたずいぶん昔の話だが、一九六〇（昭和三十五）年秋、自分の姿がテレビに映し出されたことがあった。

備前町（現備前市）の港の見える山の頂上に、茶臼山児童公園が造成され、その完成式の日に、私も友達と見に行った。

公園のジャングルジムで遊んでいたら、テレビ局のカメラマンらしい男性が近付いてきて私に話し掛けてきた。

「君達を撮影するから　ジャングルジムを登り降りしてくれ」

と頼まれた。

よく見ると、それまで見たこともないような、レンズが三つついている大きなカメラを持っていた。カメラには「ＲＳＫ」と書いてある。

私はカメラマンの要求通り、うれしそうにジャングルジムで遊んでいた。カメラマンは、時々ネジを巻きながら忙しそうに撮影を続けていた。

カメラマンは帰り際、夕方五時五十分からのＲＳＫテレビニュースで放送されると教えてくれた。私は、家に帰って母親にそのことを話したが、よく理解していなかったようだった。そして、午後五時五十分に、私はテレビにかじりついた。大袈裟な感じの「ＲＳＫ山陽テレビニュース」というタイトルが出て、岡山県内の出来事が次々と紹介された。そのニュースの終わりかけになって、「茶臼山公園」のニュースになった。

しばらくして、子どもが楽しそうに遊んでいる映像が流れた。その中に自分の姿を見つけた時は、飛び上がるほどうれしかった。まだ家庭用ビデオ録画機もない時代である。映像は瞬時に消えてしまったが、自分自身の姿が映し出された動画を見たのは、生まれて初めての体験でもあった。

その後、山陽放送に入社して二十年ほど経ったころ、報道映像ライブラリーで、「茶臼山公園」の映像を探してみたが見つからなかった。

映像は、私の記憶の中にかすかに残っている程度だが、その時、テレビ画面に自分自身が映し出された喜びや感動が、テレビの世界へ進む遠因になったのかもしれない。まだ昭和三十年代のことである。それから数年で、テレビ受像機の普及は急ピッチで進んだ。私が中学生になった一九六一(昭和三十六)年ごろ、片田舎でも八割くらいの家でテレビが見られるようになっていた。

私も、そのころは多くのテレビ番組で刺激を受けたような気がする。「名犬ラッシー」「シャイアン」「コンバット」「サンセット77」「幌馬車隊」など、アメリカからの吹き替え娯楽番組も多かったが、硬派の番組の強烈な印象も残っている。

NHKの「日本の素顔」では、水俣病のリポートが強烈だったのを覚えている。原因不明の奇病として、水俣病の重症患者やネコが暴れている映像が流されていた。まだ白黒テレビだったが、この「日本の素顔」の映像には大きな衝撃を受けたと思う。

高校時代も、加藤剛が主演した「人間の條件」や、菊池寛の「屋上の狂人」などは、少年時代の私に大きな刺激を与えたような気がする。

当時は、どこの家もテレビは十四インチと小さかったが、居間や応接間のど真ん中に置かれ、まさしくテレビが主役の時代だったような気がする。テレビを見ない時はミニ緞帳《どんちょう》のような布がかけられ、まるで宝物のように大切にされていた。

嘘のような付属品も出回っていた。水の入った大きく見えるレンズカバーなど、とんでもない付属商品もあった。カラー放送は、東京オリンピックの開催された一九六四（昭和三十九）年ごろから普及し始めたが、その前に、白黒テレビなのに三色の色付きカバーを取り付けて、カラー放送・総天然色の気分を楽しんでいる家庭もあった。

それからわずか五十年あまりで、現代の４Ｋ、８Ｋの百インチテレビが出回る高画質時代が到来した。

確かに画質は良くなったが、私自身が十四インチの白黒テレビから受けた衝撃を、今のテレビからは感じられないような気がする。

何故そうなってしまったのか、見る側の視聴者が変わってしまったのだろうか、それとも番組制作者が変わってしまったのだろうか。

昔のテレビ制作現場と今のテレビ制作現場の、もっとも大きな変異は、必要以上の視聴率偏重意識であると考える。「面白くないとテレビではない」の名言も残っているが、より多くの人々に見られることが一番という考え方がテレビ全体を覆っている。

番組担当者は、翌朝配られる視聴率速報の数字を見て、喜んだり落胆したりするのだ。放送局の経営幹部も、視聴率を見て、番組や担当者の評価を決めてしまうのである。あるテレビ局では「御礼・高視聴率」の張り紙をズラッと廊下に並べている。高視聴率だと社長表彰もある。

番組の内容や質の問題よりは、視聴率のみが重視されて、もう何十年にもなる。私は視聴率の存在が無意味であるとは述べていない。ただ、重視しすぎると番組が妙な方向に進んでしまうということを言いたいのである。

多くのテレビドラマ制作で、もっとも重要視されるのが、キャスティングであると考えられる。人気役者を確保できなければ高視聴率は期待できない。脚本なんか、後でよいということになる。昔は、脚本があって役者が決まるが、今は人気スターをおさえて、人気役者の忙しいスケジュールに合わせて撮影を進めるので、順撮りができない。別れの場面を先に撮って、出会いを後で撮るというケースも生まれてくる。

報道番組においても同じように視聴率が評価の対象になっている。二けたも視聴率を稼ぐ報道ドキュメンタリー番組は、路線が違うのではないかと考えている。やたら文句ばかり並べ立てる、犬の遠吠え番組は、明治時代の「オッペケペー」のように、世評を囃し立てるだけで問題解決の糸口にもならないのである。十四インチの白黒テレビ時代と百インチ高画質時代のテレビと何が変わってしまったのか考えてみたい。

4 人類初の月面着陸と入社試験

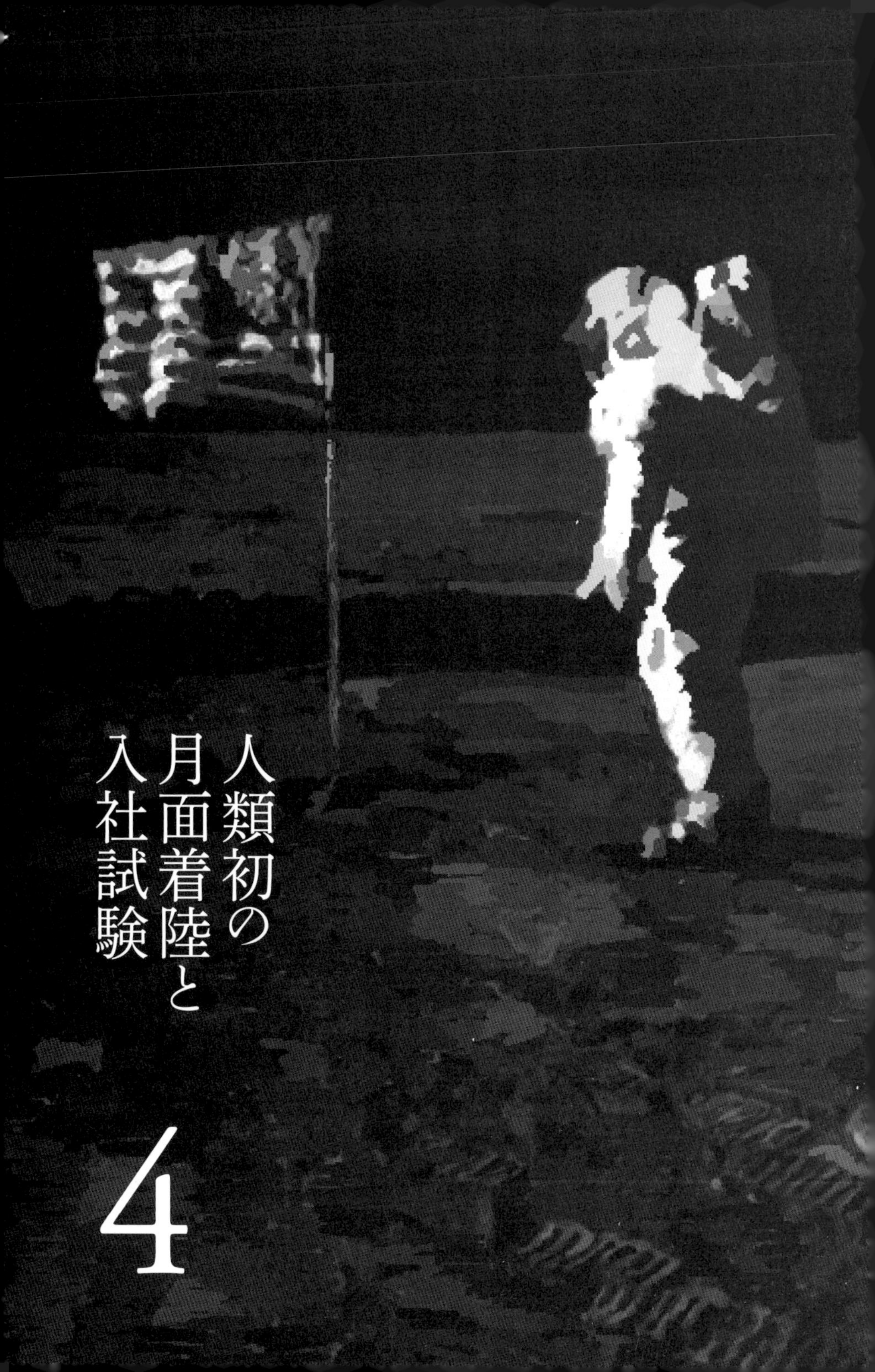

4
人類初の月面着陸と入社試験

一九六九（昭和四十四）年、大学生活もあと一年に迫り、就職活動に入らなければならなかった。都会に未練はあったが、両親のいる地元岡山での就職を考えていた。できれば放送局に入りたかったが競争率も高く、なかなか難しいと踏んでいた。地場アパレル企業に入社が決まっていたが、放送局への就職願望を捨て切れていなかった。

そして、山陽放送でアナウンサー採用計画があると聞いて、トライすることになった。試験日はその年の七月二十一日だった。

その前の日、七月二十日、自宅のテレビは、一日中アメリカのアポロ11号の月面着陸の模様を伝えていた。真夏の暑い昼下がり、途切れることなく中継放送は続けられていた。本当は翌日の入社試験の準備もしたかったが、一日中テレビにくぎ付けになっていた。

クレーターだらけの月面にゆっくりと人工衛星が近付いていく。真っ暗闇の宇宙空間に青い丸い地球が浮いている。そして、アメリカ人宇宙飛行士が、人類初の月面への第一歩を踏み出した。

人類史上初の快挙をＮＨＫの衛星中継が実況で伝えていた。次の日に、山陽放送の入社試験が実施されるのだが、その準備どころではなかった。

画面は不鮮明な白黒画面で、同時通訳の西山千氏の低い声が、人類史上初の快挙を冷静に伝えていた。クーラーもない自宅の真夏の長い一日だった。

その翌日、岡山市内の山陽放送で入社試験を受けた。

アナウンサーは若干名採用との狭き門に百五十人ほどの希望者が集まった。最も重要視されるフリートークのテストでは、一枚の写真が出され、それを見ながらの三分間のフリートークが試された。

試験官が差し出した写真は、前の日テレビ画面で一日中くぎ付けになった月面着陸の写真だった。私は、ニール・アームストロング船長などの名前を織り交ぜながら、三分間の実況風フリートークを意気揚々にやってのけた。その時のテープは残ってないと思うが、自分自身では、前の日の画面を思い出しながら、淀みなくスラスラと実況できたと思った。

筆記試験は平均点以下だと思うが、その一枚の月面着陸の写真を見ながらの実況アナウンスは、高い評価を受けたに違いないと今でも思っている。

予想通り、数日後に採用内定通知を受け取り入社が決まった。アポロ11号のお陰だった。

サンキュー、アームストロング。

入社して一か月くらいは、新人教育が続けられる。学生気分の抜けないまま、かなり多くのことを詰め込まれるが、実際は頭の中に何も残っていなかったような気がする。五十年過ぎてみて、教育されたことを何も覚えていないというのも失礼かもしれない。そういう私自身も新人教育にあたる機会があるが、多くは語らないようにしている。

また、歩くことの大切さを知ってほしい。車や電車のスピードでは世の中が見えてこない。雑誌やインターネットからではなく、一次情報として世の中を見る力は、歩かなければ身に付かない。時速四キロの時代遅れのスピードで世の中を見詰めると、さまざまなモノが見えてくる。健康のためというより、洞察力を育てるためには、できるだけ歩くことだと考えている。

車や電車で移動するとき、風景や人間は、さっと目の前を通り過ぎ、何も感じることができない。しかし、スローな歩みで出会う人からは、さまざまなことが感じられる。すれ違った老女はずいぶん優しい目をしている、戦争で苦労があったのだろうか、福祉関係の方だろうか。など、いろいろな感想を持ってすれ違う。最近テレビではやっている、「ボーッとしてんじゃねえよ!」は、放送人にも当てはまる言葉かもしれない。

ラジオスタジオでの筆者

5 アナウンサーは一年でクビ

5　アナウンサーは一年でクビ

大阪で万国博覧会が開催された年、一九七〇(昭和四十五)年に、私の放送人としての人生がスタートした。同期の新人アナウンサーは、私を含めての男子アナ二人、女子アナ二人の四人だった。入社後三か月は、毎日毎日、窓もない広いラジオ第一スタジオでのアナウンス訓練が続いた。まるで大学の放送クラブの延長のような時間だった。給料をもらいながらのアナウンス教室である。最初は緊張感もあって、まじめに訓練を受けていたが一か月もすると、全員で歌ったり騒いだり、ある時は、靴下を蹴ってサッカーゲームをやったりしていた。その時に蹴り上げた靴下が、スタジオの天井下にある反響板の裏に、今でも残っているはずである。

指導者は当時のアナウンス部の副部長で、新人アナウンサーにとっては、怖い存在でもあった安田了三アナウンサーだった。アナウンサーとは思えないような、癖のある岡山弁だった。

「おめえ、そねーなことも知らんのか」

毎日何度も何度も、強烈な岡山弁の怒鳴り声を聞かされたものである。

岡山生まれの私だが、「ヤツカソン」と読む「八束村」を、「ハチタバムラ」と読んで、大目玉を食らったこともある。

アナウンサーは、テレビ・ラジオの表舞台で活躍できる、遣《や》り甲斐のある仕事ではあるが、読み間違いなどチョットした不注意で、とんでもないミスに繋がることがある。学生時代なら、笑って済まされるミスだが、職業アナになれば、たった一度のミスでも厳罰ものという厳しいものだった。

先輩たちの何年も前の読み間違いを記録したノートもあった。個人攻撃になるので詳しくは述べないが、何年経ってもアナウンサーの読み間違いは、一生ついて回るのだ。

初オンエアーは、入社から三か月経った七月で、最初は天気予報だったような気がする。しばらくしてラジオニュースを読みはじめ、秋には昼のラジオ・ワイド番組「ダイナミックダイヤル」や、朝ワイドの「お早うダイヤル」を担当した。

二年目の四月からは、月曜から土曜まで毎朝「お早うダイヤル」を担当させられた。朝七時から八時までの短い番組だが、スタジオに一人だけの、まったくのワンマンスタイルの番組だった。毎朝六時過ぎに出社し、ラジオ・サブスタジオに行き、自分でスタジオの電源を入れ、レコードを準備し、岡山県警の宿直や国鉄の運行指令室に電話を入れ、朝の情報を収集し本番を迎える。一人でやる番組だったので、新人の私には少々負担の大きなものだった。ラジオ放送に懸命に取り組んでいたが、テレビの仕事はなぜか回ってこなかった。それほどテレビ向きでない不細工な顔でもなかったと思うのだが、テレビ出演の仕事をしないまま、アナウンサー時代は一年半で終わった。

勢ぞろいしたRSK1490ポピーと10人のキャスターた
山陽放送ラジオ
"ポピー"の名で親しまれたラジオカー

6 ラジオ番組制作の面白さ

ラジオ番組制作の面白さ——6

所属部署がラジオに変わって、最初の仕事はラジオCM制作の仕事だった。毎日、毎日五十本以上のラジオコマーシャルを録音する作業だった。レースガイドなど普通のアナ読みだけのものが多かったが、次第に、選曲に凝るなどして工夫したラジオCMを制作するようになった。レコードライブラリーに籠《こも》って何枚ものレコードを聴き、選曲ノートも作った。

しばらくして、ラジオで電話リクエスト番組が始まり、私もディレクター兼ディスクジョッキーとして、番組を担当することになった。毎週日曜日の深夜、パートナーは同期入社の宮崎美恵アナウンサー。そして、二十年前がんで亡くなってしまった横田滋ディレクターと三人で、色んなアイデアを出しながら番組作りに熱中した。

一歳年下の横田ディレクターとは、深夜、番組終了後、新西大寺町近くの屋台によく飲みに行った。二人でラジオ番組についての話が盛り上がり、タクシーで帰宅するころは、夜明け近くになったこともあった。二人とも二十代の、エネルギッシュな毎日だった。

その番組の後、名物音楽番組「サンデーベスト」が生まれた。番組を仕掛けたのは、河田兼良ディレクターだった。私よりは一回り先輩だが、カントリーミュージック分野では第一人者で、古くはハンク・ウィリアムズから、ジョニー・キャッシュ、そして現代まで、何千枚ものレコード収集家でもあった。

日本のニューミュージックにも理解があり、多くの若手ミュージシャンが、河田ディレクターを訪ねてきた。山下達郎、長渕剛、谷村新司など、若きニューミュージシャンが大勢集まっていた。なぎら健壱は、岡山定住に近いかたちで、河田ディレクターがずいぶん面倒見ていた。その河田ディレクターも今年八十五歳、最近体調を崩して休んでいるが、今でも現役のディスクジョッキーなのだ。おそらく、日本で最高齢のＤＪだと思うが、さらに世界一高齢のＤＪを目指して、復活してほしいと願っている。

次の仕事は、一九七一(昭和四十六)年秋から始まっていたラジオ情報カー「ポピー」を駆使した、朝ワイド番組「レッツゴーモーニング」だった。

朝七時から十時までのワイド番組で、七台ものラジオカーが県南を走り回って、情報を流す番組だった。

本社から五台、倉敷支社から二台のラジオカーが、午前七時前から出動した。七台のラジオカーの行き先と、取材内容を私自身が指示しなければならず、ディレクターといっても、まるでタクシー会社の配車係のような仕事だった。火事や交通事故など、どんな小さなニュースでも、ラジオカーが現場に急行し、真っ赤なミニスカートの「ポピー嬢」と呼ばれたリポーターが現場リポートした。

当時、TBSラジオでも、首都圏で二〜三台程度のラジオカーを走らすくらいで、片田舎の岡山で、毎朝七台ものラジオカーを駆使するというのは、ラジオ業界でも話題にもなり、全国のラジオ局からも見学が相次いだ。

私は、情報に企画性を持たせるために、「ポピーパトロール」という特集コーナーもスタートさせた。消費、教育、環境、あらゆるネタを、関係者への生インタビューで構成した。当時、第一次オイルショックで、トイレットペーパー騒動や、物不足の社会現象を何度も取り上げたものだった。しかし、全ての段取りは、毎日自分一人でやらなければならず、家に帰っても、自宅の電話で何時間も翌日のネタを準備しなければならなかった。あまりにも自宅の電話を使いすぎ、毎月の電話代が激しく跳ね上がっていた。

このラジオ朝ワイドの担当は、十年以上にも及び、お陰で生活が完全に朝方タイプになってしまったほどだった。当時は若かったので体力もあり、午前一時過ぎまで飲んで帰って、三時間ほど寝て、早朝、出社しても平気だった。

この朝ワイドで一番思い出に残っているのは、午前七時十五分ごろから始まる「今朝の話題」だった。これは、ナマ電話によるインタビュー番組だが、出演者への交渉は、当日朝に限るというのが鉄則だった。前の日に出演者を段取りしてしまうと、何か新しいニュースが入っても、ネタを変更することができないということがその理由だった。つまり、その日の朝刊を見て、一番関心の高いネタを選ぶのである。

その関係者に、早朝六時にもかかわらず、出演交渉をするというスリリングなものだった。岡山在住の人物ならまだしも、東京や大阪の人物にも、早朝電話をかけなければならない。

ちょっと迷惑な早朝の交渉ではあった。立花隆さんに、午前六時半ごろ、恐るおそる電話をしたところ、

「ああ、いいですよ」

と快く引き受けてくれたこともあった。

逆に、岡山出身の五輪メダリスト選手の宿泊先に電話を入れた時は、

「勘弁してくださいよ。何時だと思っているんですか」

と、冷たくあしらわれたこともあった。


一年間で約二百五十人。四年ほど続いたコーナーだったので、千人近い方々に早朝、迷惑電話をかけたことになる。

担当アナウンサーは個性の強烈な、泣く子も黙る安田了三アナウンサーだった。やり方はかなり強引で、私が粘り強く出演交渉してる途中でも、いきなり本番ラインに切り替えて

「スタジオの安田です。少しお話を聞かせてください」

と告げ番組進行するという、今では完全に放送コンプライアンスに触れるような強引なやり方だった。しかし、多くの場合、新聞の一面からネタを選んでいたので、新鮮で関心度の高いネタの連続だった。

そのレッツゴーモーニングも、女性キャスターの待遇をめぐる労働問題が起きてしまい終了、ポピー車も廃止されてしまった。


その後、大阪から槙洋介というタレントを呼んでの「おはよう岡山」という番組がスタートした。何となく岡山ローカルらしくない、気乗りしない番組だった。気乗りしないままの担当なので、とんでもない失敗もあった。この槙洋介さんは、自然食しか食べないという人物で、菜食主義がモットーだった。

ある日、「そば特集」をするというので、岡山市内の和そばの店から、早朝、そばの出前をしてもらうことになった。和そばについてあまり詳しくない私だったので
「どこかいいそば屋さんありませんかね」

と先輩に尋ねたところ、その先輩が一軒のそば屋を紹介してくれ、電話すると早朝の出前も可能ということだった。

本番の日、午前七時ごろ、得意げな表情のそば屋の店主が、出前用のおかもちを持ってスタジ

オに入って来た。店主が、スタジオでおかもちからそばを取り出した途端、菜食主義者の槙洋介さんの表情が一変した。

驚きというより怒りに近い表情だった。私は、スタジオ内に並べられる、ギトギトのラーメンを見て卒倒しそうになった。番組のパーソナリティー槙洋介さんが、最も口にしたくない、チャーシューたっぷりの特製ラーメンだったのだ。

スタジオ内は、気まずい空気が充満していたが、放送内容を変更できる状態ではなかった。先輩の教えてくれた「そば屋」は、和そばでなく「中華そば」の有名店だった。

放送終了後、そば屋の主人が引き揚げた直後、私はスタジオに入って、

「申し訳ない！」

と槙洋介さんに謝ったが、憮然とした槙さんの表情がすべてを物語っていた。放送は無事終了したが、一か月近くはラーメンを食べる気がしなくなった。


ラジオが面白いのは、話題のスケールに幅があることだと思う。つまり大きな話と、誠に小さな話を取り上げて放送できることである。地方行政など真ん中の話題は地方局のテレビに任せて、地球や宇宙や数万年前の古代史など大きな話はラジオが取り上げる。さらに近所のタバコ屋のおばさんが転んだとか、近所の野良猫が子猫を産んだ小さな話もラジオしかできない。それがラジオの面白さでもある。

ラジオは、テレビのように、照明や大袈裟な中継車も不要なのでどんな時でも、どんな場所からでも簡単に放送できる。テレビは装置まみれで動きが鈍いのでどうしても遅くなる。身軽なラジオは音声だけだが、どんな災害現場からでも携帯電話一つで中継できる。

手軽な分だけ、ラジオの持つ可能性は大きい。中東からのリポートの際、現場から取材した映像を東京へ送ることができないときが何度かあったが、電話でラジオ的に音声リポートだけを送ったことが何度もあった。

日本に帰国して録画されたリポートを見て驚いた。映像なんかどうでもなるんだということだった。ちゃんとした音声リポートさえ送っておけば、さまざまな海外素材で映像付きのリポートに見事に仕上げていた。それも音声だけの状況報告の方が臨場感が迫ってくるのだ。

テレビといえば映像が重視されがちだが、本当は音声リポートの方が、いかに大切であるかを見せてくれたのだった。

7

初めてのドキュメンタリー「誰が海を」

備讃瀬戸を汚染した重油流出

7 初めてのドキュメンタリー「誰が海を」

ラジオ時代で最も印象に残っていることは、ラジオドキュメンタリーの制作だった。レギュラー番組をこなしながら、時間の余裕を見て取り組んだ番組作りだった。

一九七四(昭和四十九)年の年の瀬、十二月十八日夜はラジオ放送部の忘年会で、真夜中近くまで騒いでいた。そのころの私は酒に弱く、ビール一杯で眠くなるほどだった。岡山市のど真ん中、田町のアパート五階にあった自宅に帰り着いたのが午前一時ごろで、家に帰るなり眠り込んでしまった。

深い眠りだったが、午前三時ごろ、自宅の電話が鳴り響いた。最初、夢でも見ているのかと思ったが、そうでもない。電話に慌てて出てみると、河野ラジオ放送部長からの電話だった。河野部長は酔いが回ると、おふざけ英語で「ハロー、ミスター原」なんて、遊び電話をしてきていたが、この時の声は違っていた。何か重大なことを伝えたいような低い声だった。

「原君、水島で油が漏れて燃えているらしい。大変なことになっている。夜中だけど行ってみてくれるか」

事態の詳細は分からないが、水島コンビナートが炎上してるような感じだった。

意識がはっきりしない寝ぼけたままだったが、私は、アパートの下でタクシーを拾って本社まで駆け付けた。ラジオ放送部のスタッフは、まだ誰も出て来ていない。大変な事故が起きていると言う。コンビナートに一秒でも早く行きたい思いで、水島を目指した。

深夜の県道岡山―児島線を走り、水島コンビナートに到着した。しかし、どこにも炎が見えない。コンビナートは不気味なほど静まり返っていた。人も歩いていない。時折、赤色灯をつけたパトカーとすれ違うくらいで静かだった。

ラジオカーで広大なコンビナートを走り回っていたら、三菱石油水島製油所のゲート付近に人が集まっているのが見えた。構内に車を入れようとすると、ガードマンが手際よく誘導してくれた。時刻は午前六時ごろになっていた。

プレスルームがあると聞いて建物の中に入ると、新聞社やテレビ局などマスコミが集まって三菱石油からレクチャーを受けていた。私は、我が社のテレビ報道の山崎記者を見つけ、事情を聞いた。次第に事故の様子が分かってきた。火災でなくC重油が大量に流出したというのである。

三菱石油水島製油所の岸壁近くにある石油タンクに、大きな亀裂が入り、中のC重油一万キロリットル近くが流れ出たというのである。その時点では、まだはっきりしていなかったが、一部は瀬戸内海に流れ出したのではないかというのである。

事故の全容を把握したころに、夜が明けてきた。本社のラジオスタジオから無線連絡が入った。

「ラジオカー五号車。原さんいますか」

「はい、原です。水島コンビナートにいます」

「番組のアタマで現場リポートをもらいます。分かっていることを伝えてください」

「現場には近付けません。まだ現場を見ていないんですが」

「何でもいいです。何か伝えてください。番組冒頭でいきなり呼び掛けますから。本番まで五分です」

スタジオは安田了三アナ。ほとんどの情報はスタジオから伝えられ、私の持っている情報より多かった。私は、仕方なく現場の慌しい雰囲気や、油の臭いがコンビナート全体に立ち込めていることだけを伝えた。

「そうですか。分かりました。また何か動きがありましたら伝えてください」

安田アナの緊張気味の声が聞こえた。

中継が終わって私は、海面を見ようと車を走らせた。水島の呼松港が一番近かった。港の周りには人だかりができていた。みんな心配そうに海面を見詰めていた。私も岸壁まで近付き海面を見て驚いた。港の海水がこげ茶色の重油に覆われていた。波が立たないほど、びっしりと覆われていた。

一人の漁師がひしゃくで油をすくい上げた。まるで温めたチョコレートのような感じだった。そのチョコレートが港内を埋め尽くしていた。よく見るとボラか何かの魚が油まみれになって浮いていた。身体をぴくぴく動かしているようだったが弱り切っていた。

午前八時前になって、私は呼松港から油まみれの様子を現場リポートした。この時点で、大量のC重油は備讃瀬戸に広がり始めていた。港の外には何重ものオイルフェンスが張られていたが、油はそのオイルフェンスを越えて瀬戸内海に流れ出していた。

その後、流れ出たC重油は七千キロリットルと発表された。ドラム缶にして三万本以上の重油が、美しい瀬戸内海に流れ出したのである。この日から半年間、私は重油流出事故の取材を続け、ラジオドキュメンタリーを制作した。

浜辺の油まみれの鳥、真っ黒になったカニや貝。多島美で知られる島々の砂浜は、真っ黒に汚されていた。漁業被害も甚大であった。冬場のフグ漁から春先のイカナゴ漁まで、底引き網を巻き上げると、網も魚も重油まみれになっていた。

私は、倉敷市大畠の大畠漁協（現児島漁協）の大崎音二さんという漁師さんに密着取材した。大崎さんは潜水タイラギ漁の名人で、当時アナウンサーだった曽根英二君とよく通い、インタビューを取らせてもらった。

大崎さんは、酔うと一昔前の海が豊かだったころの話をよくした。水島コンビナートが造成される前は、水島灘の遠浅の海が水深二メートルほどの藻場になっていて、稚魚がいっぱい育っていたと話してくれた。そして、その当時は、もう要らないと言うほど、サワラが獲れていたと思い出話をしてくれた。そんな海が、真っ黒い重油まみれの海に変わってしまったのだ。

大崎さんの嘆きは本物に違いないが、当時、まったく違う話も流れていた。「補償太り」という声である。

新産業都市構想で、コンビナートを建設するために、企業は莫大な漁業補償を漁業者に渡していた。お陰で組合幹部の家には、補償御殿とも呼ばれる豪邸もあった。この時の重油流出事故でも、漁業組合には莫大な漁業補償費が支払われるのである。まる一日漁をしても一万円にもならない零細漁民にとって、数百万円もの補償費は大きな金額だったのである。

事故が起きて一週間も経たないうちに、会社側と漁業組合の補償交渉が開始された。我々取材者にはまったく分からないが、補償金による解決への近道が模索されていたのだ。重油による内海汚染よりも、補償金額の大小が漁民の関心事に変わっていくのがよく分かった。

私は半年間に及ぶ取材録音テープを編集し「誰が、海を」というドキュメンタリー番組を構成した。初めてのドキュメンタリー制作ということで、ラジオの先輩ディレクターの力を借りながら、何とか六十分の番組に仕上げた。

海を汚したのは、いったい誰なのかという社会への問い掛けである。事故を引き起こした企業が汚したのか。それとも環境対策を積極的に進めなかった行政なのか。それとも、補償金というかたちで海を売った漁民か……。そんな問い掛けを繰り返すラジオドキュメンタリーだった。

その事故から半世紀近く経って、瀬戸内海の水質も改善され海は蘇った。しかし、内海の周辺には火力発電所を含め、多くの企業が海岸線で操業を続けている。閉ざされた海でもある瀬戸内海の環境汚染の危険性が、完全に除去されたわけではない。

取材中、重油まみれの海鳥を何度か見たが、この時から二十年後、ペルシャ湾で再び重油まみれの海鳥を見ることになるとは思いもしなかった。

一九九一（平成三）年二月、イラク軍がクウェートの油井を次々と破壊し流れ出した原油がペルシャ湾に流出したのだった。この話は後で述べる。

重油の流れ出た備讃瀬戸では、その後地元漁民や住民、さらにはコンビナート関係者によって懸命の除去作業が続けられた。当時、五十年以上は元の海に戻らないだろうと心配もされていたが、清掃作業と海が持つ力できれいな瀬戸内海が戻ってきた。油まみれになった海には、一九八八（昭和六十三）年に瀬戸大橋が架けられ、橋の上からは美しい多島美の瀬戸内海を眺めることができるようになった。紀伊水道と燧灘を出口に瀬戸内海は閉ざされた海域でもある。その両岸には水島コンビナートや坂出・番の州工業地帯が広がる、瀬戸内海の沿岸には、びっしりと工場が林立している。

海洋汚染の危険性が消えたわけではない。さらに伊方原発もあり、山口県にも上関原発が計画されている。地球規模でみると、まるで点のような海に、多くのコンビナートがひしめいている。四十七年前の環境破壊の事故が二度と起きないよう祈るしかない。

鷲羽山（左）と出羽嵐

8 鷲羽山、出羽嵐、兄弟力士物語

8
鷲羽山、出羽嵐、兄弟力士物語

岡山県倉敷市児島出身の力士で、元関脇の鷲羽山のことは当時の岡山っ子なら誰でも知っていたと思うが、その実の兄で「出羽嵐」という幕下力士について知っている人は少なかった。実の兄弟で、ともに名門出羽海部屋の所属だ。

弟の鷲羽山は、小兵と言われながら、一秒で三つの技を仕掛けることのできる技能相撲で、北の湖など大きな力士を何度も破り、相撲の醍醐味を楽しませてくれた力士である。最高位は関脇だった。

この鷲羽山の二つ年上の兄、出羽嵐も同じ出羽海部屋にいたが、こちらの方は、一度も十両に上がったことのない万年幕下力士だった。私は、弟鷲羽山に先を越された、実兄の出羽嵐を追い掛けたラジオドキュメンタリー番組を制作した。

相撲取りは、角界全体で六百七十人ほどだが、給金のもらえる十両以上の関取は、全体の一割ほどでわずかだ。幕下以下の力士は、部屋からの五万円ほどの小遣いで暮らさなければならない。十両に上がれば、付け人が用意され、稽古場でも、幕下以下は灰色の薄汚れたまわしだが、十両以上は白いまわしを締めることができる。

そんな、厳しい上下関係の中で、弟力士が兄より上位という勝負の世界のドラマを見たい。勝負の世界の厳しさを見たい。それが制作意図だった。


相撲取材などやったこともない当時の私だったが、初めて買った相撲雑誌で、東京・両国の出羽海部屋の電話番号を調べ、本人に取材を申し込んだ。

電話の向こうから、兄の出羽嵐がぶっきらぼうな声で応えた。

「なんで、鷲羽でなく、私に取材するの。おかしんじゃない？　面白がってるの？……」

そっけない返事だったが、とりあえず会ってほしいと伝えた。会うだけならいいよということで、東京に出掛けることにした。

私は、とりあえず録音機「デンスケ」を持って両国に行くことにした。親方に部屋での取材を断られる可能性もある。元横綱佐田の山・出羽海親方に怒鳴られ、追い返されるかもしれない。そんな不安な気持ちで両国駅に降り立った。


関西の大学を卒業し、岡山の山陽放送に入社してから、東京へは二度ほどしか行ったことがなく、緊張気味で両国を歩くと、大きな相撲取りと何度もすれ違う。大通りのそばにあるパチンコ店にも、元力士らしい大男が入っている。

どこかで見た人だと思ったら、かつて土俵を沸かせた、長身の大内山がパチンコ店に入ろうとしている。地方局の人間にとって、目に入るもの全てが驚きだった。

やがて墨田川の支流沿いの、四階建ての出羽海部屋の前に到着した。三段目や幕下の力士が、部屋の前の道路に出て来て談笑している。全員、薄汚れた稽古まわし姿だった。私は、その中の比較的優しそうな力士に、出羽嵐さんに会いたいと申し出た。やがて、出羽嵐が部屋の外まで出て来た。鷲羽山と同じく小柄で、背広でも似合いそうな体型だった。

電話では、そっけない感じだったが、意外と愛想良く受け答えしてくれた。遠く故郷岡山からやって来た自分を、簡単に追い返すわけにもいかないということかもしれない。取材の申し出を、受けるでもなく断るでもないまま、私は稽古場に案内された。

さすが名門部屋らしく、稽古場には多くの幕内力士がいた。鷲羽山以外にも、大関三重の海、小結の出羽の花、横綱・大関を脅かしていた佐渡島出身の大錦、十両力士も龍門など三人ほどいた。土俵のそばの畳敷きの間には、一メートル四方ほどの火鉢が置いてあり、その前の大きな座布団に、出羽海親方がどかっと座っていた。弟子たちのぶつかり稽古を鋭い目つきで眺めていた。時折り低い大きな声で、

「もっと前に出るんだ」

「やる気あるのか」

など、稽古力士に注意していたが、罵声が出るたびに、こちらの身体がすくんでしまいそうだった。

出羽嵐が小声で「親方に挨拶した方がいいよ」とアドバイスしてくれた。しかし、そう簡単なことではない。親方の周りには、金持ち風の支援者「谷町衆」もいて、時どき私に冷たい視線を向けてくる。

しばらくして、私は意を決して、親方の横に近付いた。岡山から持って来た土産の吉備団子を差し出しながら、出羽嵐への取材をしどろもどろしながら申し入れた。四十人近い力士を抱える大部屋にしては、少々小さすぎる土産品だったと後悔しながら、ラジオ取材の趣旨などを説明した。

冷や汗をかきながら、音声のみの取材であることや、十両以上の関取への取材は行わないことなど約束して、何とか取材の許可を取り付けた。

親方は最後に

「嵐もまじめにやってるんだがなあ」

との言葉を残して稽古場から立ち去った。

不思議なもので、親方がいなくなると稽古場の雰囲気が一変した。佐渡島出身で関取の「大錦」が珍しい客が来たもんだと近付いてきた。

「岡山から来たんですか。嵐さんの取材ですか」

と言いながら、親方が置いていった吉備団子を手に取って大声を出した。

「おい、みんな。岡山からこんな大きな土産を、こんな大部屋に持って来てくれたよ」

私は、恥ずかしさで真っ赤な顔になりそうだったが、稽古場は大笑いの声に包まれた。

その日から私の初めての相撲取材が始まった。

相撲は、年六場所、私は名古屋、大阪、九州と一年間全ての地方場所の稽古場を訪れ取材を続けた。児島の中学を卒業し、角界入りを決意し上京した時の思い出話。角界入りの体力測定で身長がわずかに足りず、頭にコブまでこしらえて入門したエピソードや、序の口、二段目、三段目のしごき倒された辛い思い出、幕下時代、上位に上がりながら最後の大勝負で負けてしまったこと。

入門して十五年目の出羽嵐は、すでに三十歳を超えていた。もう半ば十両入りを諦めかけていたころ、私が取材を申し入れたのだ。

そのころ、弟の鷲羽山は大活躍し、郷土岡山でも人気の力士となっていた。弟に先を越された時は悩み抜いた出羽嵐だったが、このころになると、どうしようもない厳しい勝負の世界の現実と諦めていた感じだった。

部屋での稽古は午前六時ごろから始まる。最初は序の口力士で、二段目、三段目、と続く。七時ごろになって幕下力士が現れる。このころから親方が大火鉢の横にドカッと座り厳しい指導が始まる。本場所では力士の声など聞くこともないが、稽古場での大声の罵声や、ぶつかり稽古の大声などは迫力満点だ。

稽古が終わると上位の者から風呂に入り汗を流し、ちゃんこ鍋の朝食が始まる。もちろん、順番は上位の力士からで、下っ端は給仕役で、鍋の周りに突っ立ったまま、一時間ほど待たなければならない。序列の厳しい角界で、弟が兄より早く風呂に入り、ちゃんこを食べる、当然のことだが、兄弟を見ていると勝負の世界の厳しさを改めて感じた。

ラジオ取材が始まって、一年ほどした一九七八(昭和五十三)年の春場所が、出羽嵐にとって運命の場所となった。出羽嵐は勝ち越しが二場所続き、春場所では東の幕下三枚目まで上がっていた。この場所を勝ち越せば、十両入り間違いないという場所だ。

幕下は一場所七戦で、四勝すれば勝ち越しになる。三勝三敗の五分の星で迎えた千秋楽、出羽嵐は見事勝ち、十両入りを決めた。入門から十五年目の春場所だった。

私のラジオの取材が励みになったかどうか分からないが、もう関取になる夢を諦めかけていた、引退の声も出ていた力士の、奇跡のような遅咲きの十両昇進だった。

漫画家・はらたいら氏がデザインした化粧まわしに、大銀杏に髪を結った出羽嵐は、岡山出身の大横綱「常ノ花」に因んだ「常の山」を四股名に変え、五月場所に挑んだ。

地元の期待は大きかったが、簡単に負け越してしまい、十両力士は一場所限り、再び幕下に転落してしまった。しかし、次の場所、再度勝ち越して再十両入りした。

結局、十五年もの相撲人生で、関取になったのは二場所だけに終わった。それでも、七百人近くもいる相撲取りの中で、十両以上の関取になれるのは一握りの力士でしかない。遅咲きとはいえ、出羽嵐にとっては夢のような時だったに違いない。

私は全てのインタビューをまとめて、一時間のラジオドキュメンタリーに仕上げた。タイトルは「出羽嵐・15年目の仕切り直し」。テーマ曲は、フォークシンガーの、「みなみらんぼう」が作曲、ナレーションも引き受けてくれた。

その後、常の山関は、若い女性相撲ファンの一人と結婚し、郷里岡山へ帰って、ちゃんこ料理店を開業した。店は繁盛し、岡山市中心部の飲食街でビルを購入、奥さんと二人でちゃんこ料理の店を三十年以上も続けた。

初めての出会いからすでに四十五年、本名・鈴木日出生、元十両力士「常の山」も七十五歳になってしまった。

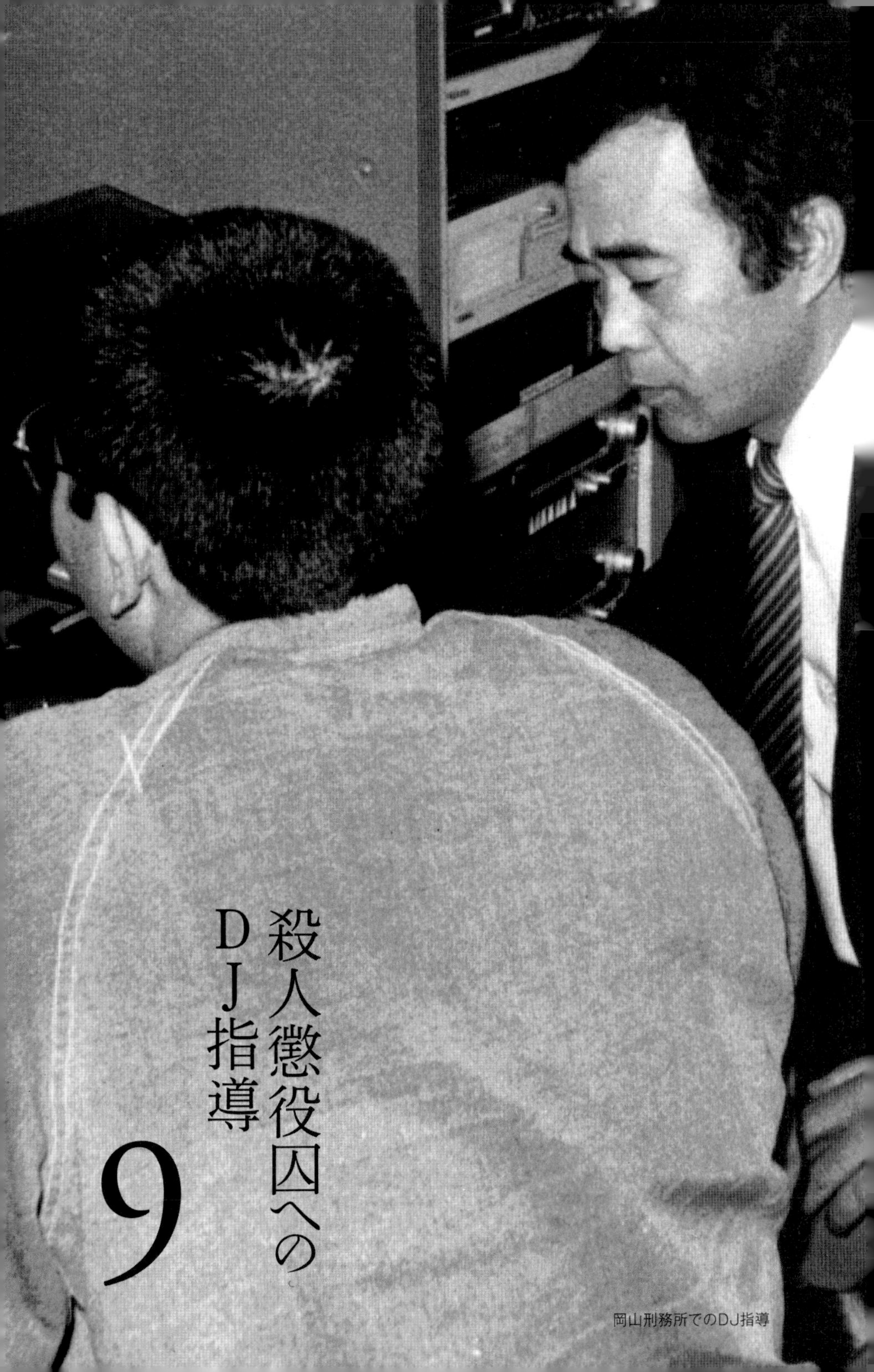

9 殺人懲役囚へのDJ指導

岡山刑務所でのDJ指導

殺人懲役囚への
ＤＪ指導

9

岡山市北部の牟佐地区には、岡山刑務所がある。

この刑務所はＬＡ級という長期刑の刑務所である。つまり長期刑で犯罪傾向の進んでいない受刑者が収容されている。

その受刑者の七割は殺人事件を引き起こしている。何度も事件を引き起こした累犯受刑者はいない。そのほとんどが初犯の重大犯罪ということで、さまざまな受刑者がいる。

公務員、銀行マン、教員など、一瞬の迷いで事件を起こさなければ、社会で普通に生きていた人たちが多い。


この岡山刑務所を取材で訪れたとき、当時の佐々木満所長から、直々に相談を持ち掛けられた。

佐々木所長は、刑務所長らしくない柔和な感じの雰囲気の刑務官だ。

「原さん。実はラジオを担当されている貴方に、お願いがあるんですよ」

刑務所長からのお願いごと。何だろうと恐るおそる尋ねてみた。

「刑務所長からのご依頼といわれますと、少々緊張しますが、いったいなんでしょう」

「実は、受刑者によるディスクジョッキーを、所内放送で毎週一回やりたいのです」

「それは、刑務所内での音楽番組ですよね」

「そうです。受刑者による、受刑者のための、音楽番組ですよ」

「そんなこと、刑務所の規則でできないんじゃないですか」

「厳格に規則を守ると、できないかもしれません。

しかし、全ての権限を委譲されてる私の発案で、私が全て責任を取ると言えば、できないことはありません。

原さんもご存知のように、岡山刑務所はほとんどが初犯の犯罪者ばかりです。

やむにやまれぬ事情があって、犯罪に手を染めた受刑者がほとんどです。

罪を犯す前は、我々と同じ市民でした。

それが一瞬の迷いで、人を殺してしまったという人間ばかりです。

本人たちは、ここで受刑生活を送りながら、自らの罪を悔い、殺めてしまった被害者への懺悔《ざんげ》の毎日を送っています。

中には拘禁ノイローゼで、駄目になっていく受刑者もいますが、多くは刑期を終え普通の人間になって我々の隣人として社会に戻ってきます。

そんな受刑者に、自分自身が犯罪を犯す前の気持ちに戻ってもらい、立派に更生してほしいと願っているのです」

「それは、分かりますが、受刑者ＤＪとどう関係があるのですか」

「それは、彼らにとっては、我々以上に、思い出の音楽が多くの意味を持つのです。犯罪を犯す前の、幸せだった時に何度も聞いた曲を、受刑者が久し振りに聞けば、泣いてしまう受刑者もいるでしょう。

でも、それでいいんです。

そうやって人の優しさ、人の心を思い出してもらいたいのです」


佐々木所長の受刑者への熱い思いは、若い私の心を動かした。私は快諾し、早速準備に取り掛かった。

番組は、毎週土曜日の夜、三十分間、所内放送で放送されることになった。受刑者からリクエスト曲とメッセージを集め、刑務所内で喋りを収録する。それをＲＳＫで一つの番組に仕上げていく。

簡単な作業だが、問題は話し手、つまり受刑者の中からディスクジョッキーを選ばなければならない。私は、会社に帰って上司の許可を取ってすぐ、ディスクジョッキーの人選に入った。

刑務所側が候補者として連れてきた受刑者は三人いた。長崎県で女友達を絞殺した強盗殺人の受刑者K。栃木の連続放火殺人で捕まった郵便局員だった男。もう一人は愛知のホステスを殺し、遺体をバラバラにして高速道路から投げ捨てた受刑者だった。三人とも三十五歳前後の働き盛りの男だった。

この三人に原稿を読ませてテストをした。結果は長崎の男Kの読み方が一番分かりやすかった。無期懲役刑で、岡山刑務所に来て七年目の受刑者だった。礼儀正しい受刑者で、話していると、明るく、本当に殺人事件を引き起こした男なのかと、疑いたくなるような受刑者だ。

Kは長崎市内で、まともな仕事について結婚もし、子どももいる生活を送っていたが、友人に誘われるままギャンブルに手を出し、最後は給料も家に入れなくなり、借金を重ね、最後は知り合いの女性宅に金目当てで押し入り、殺人という重大犯罪を犯してしまった。犯行直後から行方をくらませ、一年後、静岡県内で逮捕された。

そんなKとの共同作業は一年近く続いた。受刑者から本当にリクエストカードが届くのだろうか、最初は心配していたが。予想に反して、多くのリクエストとメッセージが寄せられた。リクエスト曲は演歌から童謡、ポピュラー音楽やクラシック音楽もあった。メッセージには、犯罪を起こす前の、ごくありふれた思い出が綴られていた。

もちろん、引き起こした罪については書かれていないが、その一言一言に深い思いが込められていた。愛しい子どもたちや妻のこと。さらに自分自身を、大切に育ててくれた母親のこと。恩師、友人、そして恋人のことなど、リクエストカードには思い出の人々のことが、必ずと言っていいほど書かれていた。でも、その中には自分自身が命を奪ってしまった人もいた筈であるが、確かめようもなかった。

番組指導者の特典として、ＤＪ担当の受刑者と二人きりでじっくり話す時間を、刑務所側から与えられた。私がボランティアを引き受けたのも、受刑者にじっくり話を聞きたいという、もう一つの狙いがあった。

刑務所内の、窓がまったくない面会室で、二時間近く話す時間を、何度か与えられた。私は、録音しながら話を聞いた。一人の取材者として、今の受刑生活のこと、出所後の身の振り方や夢。そして過去の人生、もちろん、殺人を犯してしまうまでのこと、犯罪者として逃亡中のこと。逮捕後の裁判でのこと。犯罪者を持った家族への思い。

最初は口が重かった彼だが、故郷長崎での楽しかった子ども時代のこと、優しかった母親のこと、会いたくて仕方がない、中学生になっているであろう子どものこと。残酷ではあったが、私は冷徹に質問を続けた。

時折、Ｋの声が嗚咽で何を言ってるのか分からないこともあった。顔は涙でくしゃくしゃになっていた。おそらく刑務所に入って、自分自身のことを、これほど長く話したことはなかったのだろう。検察や弁護士や刑務官の質問ではない。私は一人の取材者として、犯罪者に質問を投げ掛け続けた。

彼には申し訳なかったが、私の取材者としての質問が彼に悲しい思いをさせたと、今でも申し訳なく思っている。その後ディスクジョッキーの担当が他の受刑者に変わったが、もう質問攻めにすることは控えた。

Kには、その後二年ほど経って会う機会に恵まれた。それは、作曲家の船村徹が、刑務所巡礼の更生活動をしているというので、番組化を考えた時だった。受刑者が書いた詩に、船村徹がメロディーをつけるという企画だった。「柿の木坂の家」「風雪流れ旅」など、昭和の哀愁歌を次々とヒットさせた作曲家、船村徹らしい仕事だと思った。私は、この企画を佐々木所長に相談し、受刑者からも「是非、やってみたい」との返事が返ってきた。

私は、まず受刑者Kに趣旨を説明し、今の受刑生活についての詩を作ってほしいと頼んだ。曲のタイトルは忘れたが、岡山市牟佐の塀の中から見える山々の四季を織り交ぜて作った曲を完成させていた。私は、その詩を持って千葉県の銚子に投宿していた船村徹を訪ねた。

詩を見て、彼は「多少字句の並べ替えはするかもしれませんが、頑張って作ってみましょう」と言ってくれた。昭和の名曲を数多く作曲した大作曲家が、岡山刑務所の無期懲役囚の詩に曲をつけるのだ。いったいどんな曲になるのか大きな興味が沸いてきた。そして一か月後、船村徹はマネージャーと二人で山陽放送にやってきた。

ナレーションのスタジオ収録は夜になってしまった。低くて渋い船村節が、ラジオ第一スタジオに静かに響いていた。言葉ははっきりしているのだが、イントネーションがどうもおかしい。出身地の栃木訛りがきつい。この訛りはそう簡単に変えられるものでもないが、そのころの若干生意気な私は、大作曲家に言わなくていいことを言ってしまった。

「船村さん。ナレーションですから、節回しのような読み方はしない方がいいですよ」

マネージャーが、「大先生に対し、なんて失礼なことを言うのかね」という表情をしていた。船村徹氏も、少し気に障ったようだった。

「そんなにおかしいですかね。今まで誰からも、言われたことはないんですがね」

その言い方も完全に訛っていたが、もうどうでもいいかと思い直し、私は収録を再開した。最近になってよくテレビの歌謡番組に彼が登場し、話したり歌ったりしているのを見掛けることが多いが、こんな大作曲家がよく岡山まで来てくれ、若造の失礼な言い方に怒らなかったもんだと思う。もし、どこかで会う機会があれば、改めてお詫びしたいくらいだと思っていたが、残念ながら亡くなってしまった。

四十年も前の話であるが。その後、受刑者Kとの付き合いは長く続いた。一度、長崎に行った時、実の母親に会ったこともある。それは、私がテレビ番組「RSK特集　罪と罰・殺人者の場合」というドキュメンタリー番組を作った時だった。

私は、一人の人間の犯罪の全てに迫ろうとした。被害者家族、担当弁護士、検察官、そして裁判官、さらに犯罪者家族と、一つの殺人事件を事件報道ではなく、人間報道として捉えようとした。犯罪における人間の不利益、不条理など、犯罪の奥に潜むものを描き出そうとした。

私はカメラマンと二人で長崎に飛んだ。長崎市で新聞やテレビ映像など、あらゆる記録を調べあげたうえで関係者に当たっていった。その時点で十年も前の事件であったが、意外と取材は順調に進められた。

被害者である女性の父親は、今でも殺人犯Kを殺してやりたいと、行き場のない怒りを私にぶつけてきた。担当弁護士からは、Kの生い立ちや家族の話から、大人しいまじめな新聞配達員だったと聞かされた。

検事はさすがに取材を拒否してきたが、Kの母親は取材に応じてくれた。近所の手前もあるので、どこか自宅から離れた場所の公園でなら会ってもいいと言われた。

母親は、最初取材を拒否していたが、息子が岡山の刑務所に入所していることも知っていて、その岡山からテレビ局の人間が来たということで、了解してくれたのかもしれない。そこで我々は、母親の自宅から一キロほど離れたところにある、長崎港を見下ろす丘の上の公園を指定した。

小さな身体の、年老いた母親は、悲しそうな表情で我々に近付いてきた。公園内のベンチに腰掛け、我々は一時間近く話を聞いた。母親は今でも、あんな優しい親思いのKが、なぜ殺人事件を引き起こしてしまったのか分からないと、泣き崩れた。事件から十年間、世間の厳しい目を避けながら、孫と必死に生きてきたという。Kが出所したら、どんなに辛くても、長崎で一緒に暮らしたいという。

ずいぶん長くKに会っていないのだろう、私に、Kは元気かと何度も聞いてきた。一つの犯罪で、その家族の苦しみや悲しさは、想像を絶するものだと感じたインタビューだった。

その母親の取材を最後に我々は福岡に向かった。事件を扱った裁判長に会うためだ。

担当の判事からは、意外にも簡単に了解が取れ、その時の任地である福岡の高等裁判所に向かった。通常、カメラを担いだ取材者が、簡単には入れない裁判所であるが、なぜかスルスルと、裁判長の部屋まで入ることができた。裁判長にインタビューをするため三脚やらカメラ位置をアレンジしていても、裁判長は問題ないという感じだった。

収録は二十分ほどだった。長崎事件のことや、死刑判決についてなどだった。インタビューが終わりに近付いたころ、裁判所の事務官が、鬼のような形相で裁判長室に飛び込んできた。

「あなた方はいったい何をしているんですか。どこの放送局ですか。困るじゃないですか。こんな現役裁判長への直接インタビューなど、聞いたことはありません。すぐ出なさい。大問題になりますよ」

すごい剣幕だった。

我々もおかしいと思いながら、スルスルと裁判長室に入ったが、事務官の言い方は失礼と感じた私も、大声で応えた。

「いいですよ。大問題にしてください。我々は裁判長に取材の趣旨と内容を説明し、了解を得られたからここへ来ました。何か間違っていますか。取材は中止しますが、収録テープは絶対お渡しできません」

結局、我々は裁判長にお礼も言えず、外に追い出されてしまった。

その後、岡山に帰って編集作業を進めている時、何度も、福岡高等裁判所から放送中止の申し入れがあった。書面でも数回申し入れがあったが、我々はデスクの了解を取って拒否し続けた。そして番組は放送され、裁判長の顔も声も放送したが、放送後は裁判所から何も言ってこなかった。

四十年も前に、無期懲役で岡山刑務所に収監されていた受刑者Kだが、すでに仮釈放され十年以上、日本のどこかで生きている筈である。

社会復帰し、立派に更生できたのかどうか、私には知るすべもないが、人生をやり直し強く生きてほしいと祈らずにはいられない。

犯罪関連のラジオドキュメンタリー制作では、暴走族グループによる大学生リンチ殺人事件を取り上げた「暴走」を放送した。地元出身で大阪大学経済学部二年生の学生が、暴走族グループと交通トラブルになり、岡山市郊外の笠井山に連れて行かれ、執拗なリンチを受け殺害された事件を追った。

当時岡山市内には、いくつもの暴走族グループが存在し、警察も取り締まりに乗り出していたが、不幸な事件は起きてしまった。十人ほどの犯行グループは、クラクションを鳴らしただけの大学生の運転する車を、あおり運転で追い掛け、県道の真ん中で急停車させた。犯行グループは、大学生を引きずり出し、二キロほど離れた山の中に連れて行き、命乞いする大学生を殺害した。殺害後、遺体を旭川上流の橋の上から遺棄するという残忍な事件だ。

殺された大学生の両親は、岡山市内に住んでいた。将来のあるたったひとりの息子を暴力で失った両親にも何度も取材したが、マイクを向けるのが嫌になるほどの深い悲しみに包まれていた。殺された若者は、老夫婦にとって、生きがいでもあった。それほど裕福でもない一家にとって、宝物のような息子さんだったに違いない。事件からしばらくして老夫婦を訪ねたが、疲れ切った感じで目を合わせるのも辛かった記憶がある。

犯人グループの主犯格の男は、有職少年で、すでに懲役刑を終えている。もしかして、その後結婚して、自分自身に子どもでもいれば、最愛の息子を失った老夫婦の気持ちが痛いほど分かると思うのだが、そうはなっていないかもしれないと考えると悲しくもなる四十年前の事件だった。

ラジオドキュメンタリーは音声だけで構成するが、映像が無い分だけ、関係者の音声が、突き刺さるような悲しみを感じさせた記憶がある。

10 反骨在日ボクサーと田舎ジム

平沼ジム会長と守安竜也選手

10

反骨在日ボクサーと田舎ジム

岡山市の中心部から、国道一八〇号を西に進んで七キロほどの所に、笹ケ瀬川に架かる橋がある。その橋のたもとに「平沼クリーニング店」と書かれた小さな店舗があった。その横にボクシングジムと書かれた看板を見つけた。注視していなければ見落としてしまいそうな看板である。

一九八〇（昭和五十五）年、このボクシングジムの物語をラジオで追った。主宰していたのは、在日韓国人の平沼誠明氏だった。クリーニング店を営業しながら、ジムも運営していた。奥さんは良子さん。ともに五十歳前後の夫婦と、ボクシングジムの物語だ。

ご主人の平沼誠明さんは、神戸市生まれで、もともとボクサーだった。世界チャンピオンの白井義男選手が活躍していたころの話ではあるが。平沼さんも、生来の負けん気で全国ランキングの上位まで上り詰めたが、経済的理由から現役を引退、岡山でクリーニング店を開業した。しかし、ボクシングのことが忘れられず、ジムを作ってボクシング教室を開設した。

練習生は、高校生から農協の職員まで十人ほどいた。倉庫と倉庫の間の隙間に作られたテント張りの練習場では、毎晩厳しい練習が行われていた。我々が取材を始めたころの有望株の選手は、岡山県山手村（現総社市）の農協に勤める守安竜也選手だった。

農協の仕事を終え、練習に励む守安選手に向け、平沼会長の鋭い檄が飛ばされていた。

「こらあ、もっと顎引かんかい。そうや、そうや、もっと行け。根性や、根性や」

もの凄い形相で、機関銃のような檄が飛ばされる。練習は、毎晩十時ごろまで続けられ、練習が終わると、選手たちは礼儀正しく会長に挨拶をして帰って行った。

私は練習後、会長からさまざまな話を聞かされた。特に在日韓国人として差別されたころの苦労話が多かった。神戸時代、貧困の中で、兄弟が病気になっても医者にも連れて行けず、痛みを和らげるために十円玉を握らせていたとか、貧しかった過去を振り返る言葉が多かった。

奥さんもボクシングが好きで、選手の世話を進んで引き受けていた。試合で遠征する時も必ず二人で行き、リングサイドにはいつも二人の姿があった。

農協職員の守安竜也選手は、ウェルター級で日本ランキングの十位以内にいた優秀な選手だった。口数は少なく、いつも試合直後のような腫れぼったい目をしている。打たれ強い選手で、相手も、これでもかこれでもかとパンチを浴びせるが倒れない。相手が打ち疲れたころ、守安選手のパンチが炸裂するという試合運びだ。

山口県の周防市で、日本チャンピオンを賭けた試合があった。平沼会長の予想では、九分通り勝つと言われた試合だった。我々も、岡山から初の日本チャンピオン誕生かということで、取材に出掛けた。

会長の盛り上がり方も相当なものだった。もう岡山を出発した時から新幹線の中で、細かい指導をしていた。最初は小さな声だが、熱が入り次第に大声になっていく。他の乗客も怪訝そうな顔をしていた。「顔のどこを殴れ」という大声の話だから、驚かれるのも仕方ない話だ。

試合は前半守安のペースで進められていたが、相手の額を使ったヘディングで、守安の額に深い傷が入り、出血したころからペースが乱れてしまい、最後はテクニカルノックアウトで負けてしまった。惜しい試合だった。プロボクシングの試合では、頭を相手の顔面にぶつけるヘディングは、一応、禁止されてはいるが、一つの技でもある。平沼会長は終了後、会場で大声を上げた。

「卑怯や。卑怯やないか」

と叫んだ。

その後、守安選手は独立し倉敷に守安ジムを開設した。その後、二人には長く会っていないが、当時、平沼会長からはパワーをもらったような気がする。

ラジオ番組のタイトルは「リングサイドに見た二人」。ボクシングそのものより、在日韓国人の厳しい生活と、その反発する人間力が構成されていた番組だったような気がする。当時大ヒットしていた、アリスの「チャンピオン」を聞くたびに、平沼会長の険しい表情が、今でも浮かんでくる。

その後も何本かラジオ・ドキュメンタリーに取り組んだ。

岡山市内のある工場敷地内に打ち込まれていたコンクリートパイルに幼児が転落するという事故が起きた。連絡を受けた消防隊によって十二時間近くも救出作業が進められたが、狭い穴からの引き揚げに何度か失敗してしまい、結局幼児は穴の中で息絶えるという悲しい事故だった。最近になって海外でも同じような転落事故が伝えられているが、無事助け出され、明るい救出劇として伝えられている。

幼児の父親は、事故のあった工場に勤務しており、会社側の安全管理については厳しく追及しなかったが、「小さな穴」というドキュメンタリーとして放送、身近なところに潜む危険性について警鐘を鳴らした。

こうしたドキュメンタリー作品は、毎年開催される民間放送連盟主催の作品コンクールのために制作していた。各放送局が、それぞれの力作を持ち寄り、著名な評論家が厳しく審査しその地区の最優秀作品を決め、全国大会で日本一を決めていく。作品の質の高さが、通常の番組にも反映するということで、各局は威信をかけて作品を制作する。

「民放祭」とも呼ばれるイベントであるが、日常の番組とはかけ離れているとの冷めた声があるのも事実。私が制作したラジオ番組も三本が最優秀を受賞したが、日本一にはならなかった。

最優秀を受賞した作品の中で、もっともラジオ的だったのが「小豆島のパリジェンヌ」だった。これは日本文学を研究するフランス人女性が、小豆島出身の作家、壺井栄の文学に惹かれていくという作品だった。

女性は「テルヒ」というフィンランド生まれパリ育ちの若き留学生だった。彼女は、日本語が堪能で「憂鬱」や「絨毯」など難しい漢字もすらすら書ける日本通でもあった。

彼女が、もっとも心を打たれた作品は「二十四の瞳」だった。戦争と子ども達を描いた名作に深くのめり込んでいた。映画にもエキストラ出演していた島の人々との対面では、涙を流しながら「二十四の瞳」の主人公、大石先生になり切っていた。彼女は、大学卒業後、パリに帰り、共同通信の記者と結婚したが、その後の消息は分からない。

その他、ラジオ作品で最優秀賞を取ったのは、岡山県湯原町（現真庭市）で開催された日教組大会と全国から集まった右翼団体を追った「湯の町はんざき騒動記」などなど。ラジオドキュメンタリーは、取材から編集まで、まったく一人で取り組んでいかなければならない。誰にも相談せず、自分ひとりで企画し、取材し、編集していくという孤独な作業ではあるが、自己完結型の仕事であった。

「RSK特集」の番組タイトル

11 「RSK特集」悶絶の日々

11 「RSK特集」悶絶の日々

一九八六（昭和六十一）年、十五年所属していたラジオ放送部を離れ、テレビ報道部への異動となった。

入社後、初めてのテレビ部門の勤務になった。一からの再スタートである。報道部では岡山県警記者クラブに所属、主に社会ネタ中心の取材活動を行っていたが、当時、瀬戸大橋建設工事関係の取材が多かった。真夏の暑さの中、重い三脚を担いで、大橋の橋脚が立つ岩黒島や櫃石島の工事現場に通った。

テレビはラジオとは違い、カメラマンとの共同作業でもある。地方局では、映像編集もマスターしなければならない。ラジオの音声編集とテレビの映像編集は、伝えるという基本は同じだが、手法に大きな違いもあった。

映像が、全てに優先するということである。どんな素晴らしい原稿が用意されても、それを裏付ける映像がなければテレビニュースにはならない。記者とカメラマンのニュースの捉え方が違えば、バラバラのニュースになってしまう。まず、映像ありきという考え方に慣れるまで、時間がかかった。

その後の特派員時代に気が付いたことだが、日本のテレビニュースと、アメリカのテレビニュースの違いは、この映像の扱い方の違いでもある。CNNや、CBSのテレビニュースは、まずリポーターの原稿があって、それに映像をはめていくという手法だ。一方、我々のニュースは、まず映像の流れを作って、映像が理解されやすい原稿を書き上げていく手法である。もちろん、同時進行の場合も多いが、私の場合、まず映像を並べるという作業から、ニュースを作っていった。

アメリカと日本のニュースの作り方の違いは、コマーシャルにも現れている。日本のテレビコマーシャルは、どちらかというと、情緒性やイメージを重視するが、アメリカのCMはあくまで商品の説明を重視している。これは国民性や文化の違いにも由来することなのかもしれない。いずれにしても、映像重視のテレビ報道に慣れるまで、一年近くかかったような気がする。

三年後にカイロ支局に赴任するまで、わずか三年の本社報道部での勤務だったが、ずいぶん走り回った記憶がある。特に、当時ゴールデンタイムで毎週放送していた、自社ドキュメンタリー番組「ＲＳＫ特集」の取材で忙しかった記憶しか残っていない。

この番組は、ＲＳＫの報道が総力を挙げた番組で、徳光規郎デスクを中心に取り組んだ完全構成番組だ。三週間の取材で一週間の編集、そしてオンエアー。放送が終了すれば、すぐ次の取材と、一休みも出来ない大変なスケジュールだった記憶がある。

十本ほど制作したが、取材に関する思い出は、時間に追われた苦労話ばかりである。

もっとも力を入れたのは、岡山県東部のハンセン病療養の島と、病気と戦った入所者たちへの取材だ。療養所の存在は、地元の全てのメディアが知っていたが、四十年前、取材に取り組んだのは、ＲＳＫだけだった。まだ、社会にも偏見が残っていたころである。

今村昌平監督の映画「黒い雨」の撮影現場も、ＲＳＫ特集が追い掛けた。岡山県内のロケハンから、映画の完成まで二年近くかかった取材だった。この「黒い雨」と「ハンセン病関連ドキュメント」については後で述べる。

その他、陸上自衛隊第十三特科連隊の新人自衛官を、岡山県日本原演習場に追った「君は国を守れるか」は全国放送にもなった。高校を卒業したばかりの若者の、厳しい訓練の模様を半年間にわたって取材した。上官が訓練生を殴るシーンは、自衛隊側の強い要望で、「バシッ」という音だけの場面になった。その後三十年、新人自衛官も五十歳を過ぎているはずで、再度その後を取材したいくらいだ。

一九七〇(昭和四十五)年、プロ野球の「黒い霧」八百長事件で追放された東映フライヤーズ(現北海道日本ハムファイターズ)の森安敏明選手や、元中日の有望選手だったが、その後退団し名古屋市内で、苦しい生活を送っていた菱川章選手など、十人の高校球児の、その後の人生を追った「球児たちの夏、もう一つの甲子園」も手応えのある取材だった。

「黒い霧事件」でプロ球界から永久追放された森安選手は、北海道のイカ釣り漁船の乗組員になったり、札幌市内で自動車整備の仕事に就いたり、その後の人生はみじめなものだった。

一九七六(昭和五十一)年から、郷里岡山の運送会社に勤めていた森安選手にRSK特集が取材をかけた。当時の我々のインタビューに、

「八百長は絶対やっていない」

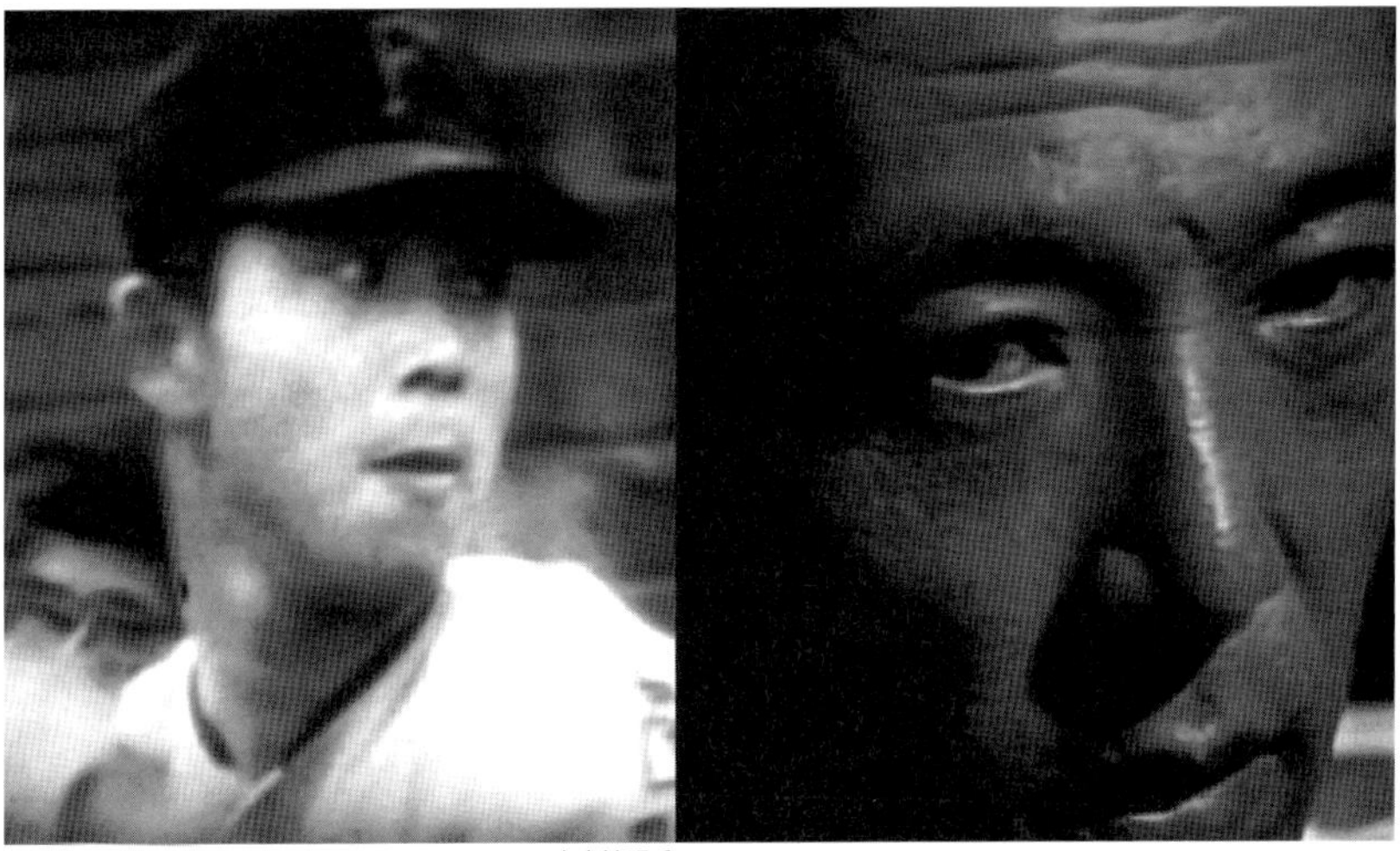

森安敏明氏

と何度も訴えていた。確かに森安選手は自分自身で八百長試合はやっていなかったが、八百長に手を染めていた西鉄ライオンズ（現埼玉西武ライオンズ）の永易選手から預かった五十万円が問題視され、永久追放処分を受けた。

高校時代ライバルだった、岡山東商業のエース平松政次選手は、当時の森安投手の球威は自分以上だったと述懐している。一九六五（昭和四十）年、東映フライヤーズに一位指名され、プロ野球界で活躍した天才的アンダースロー投手は、それから三十年後心不全で急死した。五十年の短い人生だった。

彼は、死の直前まで、岡山市内の小さな運動公園で、毎日少年野球の指導をしていた。彼の野球に打ち込む姿は熱心で、まるで自分の野球人生を取り戻すかのような真剣さで、多くの子どもたちに夢を託していた。指導を受けていた少年の中の一人は、プロ野球パリーグの有名選手に成長していた。我々の最後のインタビューでは、

「永久追放の永久は死んでも消えない」

と呟いていた森安選手の物悲しい声が、今も耳に残っている。

一九八五（昭和六十）年、香川県の琴平に再建された芝居小屋の金丸座で、金毘羅歌舞伎公演が始まった。大ホールの東京の歌舞伎座と違い、琴平の金丸座は、客席数五百あまりの小さな芝居小屋で江戸情緒を感じさせていた。

この三回目の公演に、第十七代中村勘三郎が座頭を務めた。本人は、最初古びて不便な芝居小屋公演に難色を示していたが、息子で当時中村勘九郎の強い要請を受け、しぶしぶ琴平入りした。RSK特集はこの時の中村勘三郎に密着した。歌舞伎など何も知らなかった私だったが、にわか勉強し、京都、名古屋、大阪で芝居見物にも行った。しかし、人間国宝でもある中村勘三郎へのインタビューは相当緊張した。

勘三郎は、歌舞伎は大衆演芸であるから、あまりかしこまったものにしない方が良いと語った。客席が狭いのなら、舞台の端っこに客席を設ければよい。それが本来の江戸歌舞伎なんだとも話してくれた。

最初、乗り気でなかった勘三郎だが、「伊賀越道中双六・沼津」という仇討ものの出し物では今の白鸚、松本幸四郎との共演で、徐々に熱気を帯びてきた。まだ薄ら寒い四月の琴平だが、平作役の勘三郎は汗まみれになり、荷物を担いで客席の中にまで入り込むなど、

伊賀越道中双六・沼津

汗まみれの熱演が続いた。

東京、大阪、京都など全国から押し寄せた歌舞伎ファンは、東京では見られないような、予想を超える勘三郎の熱演に大満足した。しかし、花冷えの琴平で頑張りすぎたのか、最後には風邪を引いてしまった。二週間の公演を無事終えたが、この時に体調を崩したのが遠因なのか、翌年の冬、帰らぬ人となってしまった。

ＲＳＫ特集では「追悼、中村勘三郎」を含め、一時間ドキュメントを二回放送した。ＲＳＫにとって歌舞伎番組は初めての取り組みだったが、三十年後の二〇二〇（令和二）年には、後輩報道マン古川豪太が、三代にわたる中村屋の歴史をまとめたドキュメント番組「中村屋三代・桜花のごとく」を制作、永谷園さんの協力をいただいて、全国放送も実現した。

新婚時代の柴田暁星・さつき夫妻

12 故郷に棄てられた柴田暁星とハンセン病

12 故郷に棄てられた柴田暁星とハンセン病

瀬戸内海に浮かぶ小島、長島には、一九三〇（昭和五）年、日本で初めてのハンセン病国立療養所が開設された。

私が、この島に始めて訪れたのは、長島愛生園開園五十周年の記念式典が行われた、一九八〇（昭和五十五）年の秋だった。当時は入所者がテレビ取材を拒否していたので、新聞とラジオの取材しか認められなかった。まだラジオ放送部に所属していた私は、自分で車を走らせ、小さなフェリーで島に渡り取材した。

今から四十年も前のことだが、当時はまだハンセン病への強い偏見が残っていた。取材にタクシーや会社の車を使おうとしても、運転手が島行きを嫌がっていた。仕方なく自分の車で行くしかなかった。

でも、そんな私に、偏見がなかったわけではない。子どももまだ小さかったので、抵抗力のない子どもに、病気が伝染しないだろうかと心配してしまった。今から考えると無用の心配であり、恥ずかしい話でもあった。

瀬戸内市、当時の邑久町長島（現瀬戸内市邑久町虫明）には二つのハンセン病療養施設があった。長島愛生園と邑久光明園である。一九三〇（昭和五）年にできたのは長島愛生園の方で、五十周年記念式典も愛生園の恩賜会館という、海沿いの会場で行われた。

当時、愛生園には千人以上の入所者がいたが、式典の会場には三百人ほどの入所者が集まっていた。

岡山市内で、元ハンセン病患者を何度か見たことがあったが、後遺症があまり重くない元患者がほとんどだった。しかし、その日会場で出会った入所者の中には、ハンセン病独特の後遺症のため、顔の変形などの後遺症の重い入所者も多かった。手の指が欠けた女性入所者、眼の下まぶたが崩れた入所者、リウマチを患い唇が大きく垂れ下がった入所者など症状はさまざまだったが、私にとっては初めて真近に出会う入所者だった。

私はデンスケ録音機を抱え壇上に上がり、式典でのあいさつなどを録音した。壇上から会場を眺めると、多くの入所者の突き刺すような厳しい視線が感じられた。取材者が島に来るのも珍しいが、マイクを持って、ずけずけと壇上で録音する私の姿が、奇異に感じられたのかもしれない。

緊張の一時間ほどの式典が終わり、私は愛生園の入所者が療養生活を送っている居住地区に入って行った。会場を取材していた他の新聞記者は、全員すぐ帰ってしまったが、私は、せっかく島に来たのだから、島内をもっと見てやろうと、居住エリアに入っていった。

入所者たちは園内で結ばれた夫婦が多く、「十坪住宅」と呼ばれていた高台の住宅に住んでいた。緊張気味に敷地内を歩いていると、庭いじりをしていた五十歳くらいの婦人がいたので声を掛けてみた。

最初、驚いたような感じだったが、私が山陽放送の者で、ラジオの取材にやってきたと言うと、安心したように明るく応対してくれた。

その女性は「柴田さつき」と名乗った。ここの入所者はほとんど本名を明かさない。島内でのみ通用する名前を使っていた。さつきさんは、せっかくだからお茶でも用意するから、家の中にと誘ってくれた。

家の中にはご主人の柴田暁星さんがいた。さつきさんと違って顔が麻痺し、表情の変化がない。つまり、笑みのまったくない顔である。厳しい眼差しだが、何か優しさを感じさせる表情でもあった。妻のさつきさんは、まったく普通の表情で笑いながら色々丁寧に話してくれた。

柴田さんは五十六歳、さつきさんは二つ年上の五十八歳だった。二人とも県外出身者だが「らい予防法」による強制収容で島に連れて来られ、何年かして結婚した。

柴田さんは静岡県の出身、さつきさんは三重県の出身だった、二人とも戦前、若くして島に強制収容された。さつきさんは、お茶とお菓子を出してくださった。偏見を疑われるのも辛いので、ごく自然に振る舞うよう気を遣いながらご馳走になった。
二人は結婚して三十年近くなるが、園内では断種手術が行われていたので、園内の夫婦で子どもを持った夫婦は一組もいない。ハンセン病は胎内感染の恐れがあると思われていたからである。万が一、子どもが生まれても、出産直後、母親の目の前で扼殺されていた。六十年も前に扼殺され、医療ビーカーに保存された胎児標本が、療養所の奥の倉庫に残されていた。しかし、我々が撮影した直後、国の指示で突然全て火葬されてしまった。

ハンセン病はらい菌による感染症で、菌そのものの培養も難しいほど弱々しい菌であるにもかかわらず、病気への差別から、必要以上の予防措置が取られてきた。柴田夫妻にとっても、もし子どもが生まれていれば、人としてもう少し、夢のある暮らしを送ることができたのかもしれない。日本人のハンセン病への独特の差別意識は、およそ八百年も前の鎌倉時代の身分制度から始まっていた。

私が初めて長島に行ったころは、マスコミ側だけでなく入所者側も、取材や撮影を拒否していた。特にマスコミには、敵対的な態度まで取っていた入所者もいた。入所者は国の強制隔離政策により密かに島に送られて来ていた。もし、ハンセン病患者が出た家ということが世間に知られてしまえば、親族の結婚や就職にも支障をきたすため、島にいることは隠し通さなければならなかった。テレビ取材で撮影した自分の顔が放送され、親族が差別されることを極端に恐れていた。

多くの入所者が簡単に取材に応じてはくれなかった。

しかし、柴田さんは違っていた。遠慮しないで撮影もインタビューもしてくださいと、はっきり言われた。私も、最初はラジオの取材で、その後テレビでも取材するようになったが、柴田さんは、そのまま姿を撮影してくださいと何度も念押しした。

柴田暁星さんは、静岡県の茶どころの出身で、家は村内で「柴田様」と呼ばれるほどの素封家だった。しかし、柴田さんがハンセン病にかかったことで、柴田家は衰退し、村から消えてしまった。その静岡から七十年前に強制収容され、一度たりとも故郷に帰っていなかった。

柴田さんは、

「私が故郷を棄てたんではなく、故郷に棄てられたんです」

とよく話していた。

一九八八(昭和六十三)年、瀬戸大橋が架かった年、長島にも悲願の橋が架かり、本土側から車で簡単に島に渡れるようになった。架橋の前年、奥さんのさつきさんが病死し、柴田さんは元気をなくしてしまった。橋の開通の日も、柴田さんは、さつきさんの遺影を胸に抱き、開通式に立ち会っていた。

「さつきよ。橋ができたんだよ。夢みたいじゃね。天国橋だよ」

と泣きながら遺影に話し掛けていた。

幅わずか三十メートルほどの、瀬溝と呼ばれる海狭に架けられた橋だが、その架橋には本土側住民の激しい反対もあった。しかし、地元出身の橋本龍太郎厚生大臣が積極的に動いたために、何とか実現できた橋でもあった。

一人きりになった柴田さんは、その後、天国橋を渡って生まれ故郷に行ってみたいと言い始めた。橋ができなければ、島から生涯出ることなく、島で一生を終える気持ちだったのだが、長島架橋が、柴田さんの故郷への想いを蘇らせた。


片足を失っていた柴田さんの、六十三年ぶりの帰郷を我々は密着取材した。生まれて初めて乗る新幹線。静岡からはバスやタクシーを乗り継ぎ、自宅があった村へ向かった。

茶畑の丘を一時間ほど上り下りして、柴田家があったらしい雑木林に到着した。周囲の山の形や、川の流れは変わってなかったが、柴田さんが、ここだと指差すところには何一つ屋敷跡らしいものは残っていなかった。六十年で一家は影も形も消えてしまっていた。茂みの中に入って行ったが、古びた礎石のほかは何も残っていなかった。仕方がないので、我々は広い田んぼのあぜ道を歩いて撮影を続けていた。


しばらくして、小川のたもとで、年老いた男女が、しゃがみ込んで談笑していた。その男性に、いきなり柴田さんが声を掛けた。

「あなた、ここの方ですね。私を覚えていますか。私が誰だか分かりますか」

声を掛けられた男性は、しゃがんだまま答えた。

「そう言われれば、貴方を何処かで見たような気がします」

柴田さんが大声ではっきりと本名を告げた。

「七蔵です。柴田七蔵です」

七蔵というのは、我々も初めて知った柴田さんの本名だった。

老人は思わず立ち上がり
「七蔵さんかいな。驚いたなあ。久しぶりだなー」

柴田さんが続けた。

「久しぶりと言っても、六十年ぶりですよ」


地元の男性は矢木仁市さんという柴田さんの幼なじみだった。まるで映画でも見るような出会いであった。おそらく、発病前の子どものころの幼なじみだったのだろう。いろんな懐かしい名前が出た会話はしばらく続いた。柴田さんにとって故郷に帰ってきたことを実感できた時間だったに違いない。仁市さんの目からは、涙が流れていたが、柴田さんは冷静だった。

「七蔵さん。あんた、苦労したんだろうね。早くここへ帰って来たかっただろうね」

「いや、こんな病気ですから仕方ありません。もう、私は岡山の島で最期を迎えますから。ここには、もう帰って来ませんから……」

我々は、一部始終をカメラで撮影していたが、一つ大きな反省点がある。それは、カメラワークである。

六十年ぶりの再会は、衝撃的であり、さまざまな角度から全てを撮影したくはなるが、ドキュメンタリーは作り物の映画撮影とは違う。映像を作ってはいけない。ハンセン病で故郷から棄てられ、六十年ぶりの幼なじみに出会ったという場面に、我々メディアは入り込み過ぎてはいけなかった。

番組を後で見ると、柴田さんの表情、幼なじみの表情、さらに近くにあった石灯籠越しのショットまで、まるで映画のような仕上がりになっていた。後にある評論家から

「段取りされた、やらせに近い場面」

と疑いを掛けられた。

そこはドキュメンタリー映像の難しさだと反省した。現実に撮影が過度に介入してしまうと、それは映画の世界になってしまうということを痛感させられた取材だった。

この偶然の出会いの後、柴田さんは故郷の海を見たいと、静岡・相良の海岸に向かった。子どものころ、両親に何度も連れて来てもらった海だった。六十年前の子どものころを思い出しなが

ら語ってくれた。

「私たちは故郷を棄てたのではないんです。故郷に棄てられたのです……」

その後の言葉は、荒波の音に消されてしまったが、柴田さんは、夏の太陽が沈み始めるまで浜を離れようとはしなかった。


ハンセン病関連の番組で、さらに忘れられないのが「病棄《やみす》て」というドキュメンタリーだ。これは入所者の一人、島田等さんが書いた本のタイトルを、そのまま使わせてもらった作品だ。島田さんは本の中で、隔離政策の裏には、日本独特の疾病への差別感があると述べている。つまり、”癩者“は厳しい身分制の鎌倉社会で、もっとも穢れた存在として、位置付けられたということだ。日本人の病に対する一種の差別感情や隔離傾向は、すべて日本人独特の思想から来るという。

島田さんは「病棄て」の中でこう述べている。

「日本人は、自分自身に降りかからない限り、人が人を棄てることを容認してきた……」

病醜が後遺症として残ってしまうハンセン病患者は、家族からも引き離され、隔絶されることで社会は納得するということである。反人道的な強制隔離政策だが、欧米ではこのような隔離政策は、一度も取られたことがなかった。

救ライの父とも呼ばれた光田健輔愛生園初代園長だが、島田等さんの「病棄て」は、光田園長らが推し進めた強制隔離政策を厳しく糾弾していた。光田園長は、患者を一般社会の厳しい差別から守ろうとして、島に連れて来たのだと主張したが、結果的に患者の人間性を無視した政策になってしまった。

一九二三(大正十二)年、フランスのストラスブルグで開催された第三回国際らい会議で、光田健輔の主張した隔離政策は、世界の専門家から強い批判を受けた。しかし、富国強兵で、世界の一等国を目指す日本だけがこの強制隔離の道を歩んできた。

戦後、プロミンという特効薬が開発され、完治する病気になった後も、患者の強制隔離は続けられた。結核菌より伝染力の弱いらい菌にもかかわらず、科学的根拠を持たない強制隔離政策を日本人が認めてしまったのは、日本人に、病む者は棄ててしまうという「病棄て」思想があるということを主張していた。

長島のもう一つの療養施設、邑久光明園には、戦前出産直後に窒息死させられた胎児の標本が数体、そのままアルコール漬けにされ残されていた。断種処置が取られていたが、処置しないままの男性と女性の間で結ばれるケースも多く、園内では出産が相次いでいた。

しかし、国の規則で患者の新生児は認められなかった。胎内感染のおそれもあるという時代でもあった。生まれた赤ちゃんは、出産直後にタオルで窒息死させられ、研究のため残されていた。当時から、母体からの胎内感染はないという一部の病理原理にもかかわらず、何人もの胎児が、生を受けた直後に処理されていた。

六十年前の赤ちゃんが保存されていることを、入所者から聞いた我々は、管理する側の当時の園長を何度も説得し、その胎児の撮影にこぎつけた。

施設の一番奥に作られた倉庫の中に、何百点もの患者の臓器らしい標本が残されていた。らい菌の感染力や病理研究のために保存されていた。その中に十体ほどの胎児の入れられた容器が並べられていた。生まれた直後のような、肌の色も鮮やかな胎児の標本だ。

眼を閉じた胎児は、こんな倉庫の片隅に、六十年以上も置かれたままになっていたのである。今にも泣き声が聞こえてきそうな胎児の姿に、怒りと悲しみが込み上げてきた。


おそらく日本で唯一の映像で、強制隔離政策の残酷さを裏付ける、貴重な映像になることは間違いない。一時ハンセン病は遺伝病という間違った考えもあったが、遺伝病ではないということが明らかになっても、病気への差別は根強く残っていた。我々が撮影した胎児の入ったビンには昭和十九年と記され名前も書き込まれていた。

もし、その胎児が生きていたら、すでに七十歳を超えている。苦しくても、どんなにか素晴らしい人生を送っていたと考えると撮影現場で、私にもカメラマンにも重い空気と強い怒りが込み上げてきた。

二〇二〇（令和二）年の新型コロナ騒動でも、あちらこちらで患者家族への差別や医療従事者への差別が続いた。らい予防法は廃止されたが、日本人から独特の疾病差別感が消えてしまうまでは、まだまだ時間がかかるのかもしれない。

新型コロナウィルスでも患者や患者家族、さらに、医療関係者への強い偏見が生まれた。国が検討している「感染症臨時措置法」でも、入院を拒否した患者の逮捕・拘留までが検討されている。らい菌を発見したノルウェーのアルマウェル・ハンセンは、感染者を強制的に施設に収容してはならない。施設への入所は、患者自身の意思によるものでなければならないと、百年も前に説いていた。

一九九六（平成八）年、らい予防法は国の誤った政策であると廃止を決めたが、新型コロナ対策法案を見る限り、国は同じ過ちを犯そうとしているかのようにもみえる。

四季の移ろいの中で、草木や花をめでる美しい国日本だが、一方で差別の国でもある。職業差別、部落差別、朝鮮人差別、性差別、そして疾病差別と、世界の中でも日本国民の差別感情が、今問題となっている。東京オリンピック組織委員の森会長の女性蔑視発言は、世界中から厳しい非難の声を浴びている。

我々が取材した柴田暁星さんを含め、疾病差別の証言者たちは次々と亡くなっていった。私が取材を始めた四十年前には、千五百人近くいた入所者も、現在三百人足らずに減ってしまった。今、残っている人たちも、あと二十年もすれば、さらに少なくなるかもしれない。

死んでも、骨すら故郷に帰れない入所者たちの無念さを考えれば、我々は、機会あるごとに、島の多くの叫び声を、地元局として伝えていかなければと考えている。

例えどんな病であろうとも、人が人を棄てるという不条理はあってはならない。瀬戸に浮かぶ小さな島の歴史が、我々に日本人の心の危うさを教えてくれた。

今村昌平監督

映画「黒い雨」メイキングと今村昌平監督

13

13 映画「黒い雨」メイキングと今村昌平監督

井伏鱒二の「黒い雨」は、広島出身の井伏鱒二が、被爆者・重松静馬さんの「重松日記」を基に書き上げた小説だった。もともとのタイトルは「姪の結婚」、主人公の若き女性、矢須子が原爆症のため、結婚できないという設定の物語だった。

矢須子は原爆投下の際、広島から離れた漁村にいたため、直接被爆はしていないが、その直後、広島に小船で向かっている時、放射能を含んだ黒く汚れた雨を受けたため、矢須子も原爆症になってしまう。一時、結婚話は出たものの、最後は原爆症で亡くなってしまう、というストーリーだ。ごく普通の市民が、次々と原爆症のため死んでいくという、いわば反戦映画でもある。

今村昌平監督は、この「黒い雨」の制作に長くこだわり続けていた。そして今村プロの飯野久プロデューサーから、RSKにメイキング作品を作ってみないかとの提案が飛び込んできた。

メイキングは映画の宣伝にもなり、当時、さまざまな映画会社が取り組んでいた。通常は東京の映像プロダクションのやる仕事だが、取材期間が一年以上にも及び、膨大な経費が必要となるため、安くできる方法はないかと考えて、結局、飯野プロデューサーが知恵を働かせ、ロケが行われる地元局に仕事を持って来たのだ。

取材経費はRSKが持つが、放送する権利、つまり今村プロの映像権料のRSK負担はなし。我々は、どんな映像であろうと番組化できる。今村プロにとっても、RSKにとっても旨い話なのだ。

「楢山節考」「復讐するは我にあり」など、数多くの名作を世に送り出した、日本を代表する映画監督の作品のメイキングが、地方局の我々に本当にできるのだろうか。大きな不安もあったが、当時の徳光規郎デスクの判断で決行することとなった。

キャスティングは、地方局の記者がなかなか近付けない魅力ある役者ばかりだった。主人公の「矢須子」には元キャンディーズの田中好子。叔父の「重松」には北村和夫。その他に、市原悦子、三木のり平と実力者揃いの顔ぶれだった。

我々が、今村昌平監督に初めて会ったのは、映画のクランクインの一年前、岡山県内各地で実施されたロケ班の下見現場だった。

主人公、矢須子が発病して死ぬまでを過ごした村には、岡山県吉永町（現備前市）の八塔寺ふるさと村が選ばれた。また最も重要な原爆が投下された広島市街地は、瀬戸内市の五百ヘクタールもの広大な錦海塩田跡地が選ばれた。

何か所もの撮影場所を、今村監督が下見していく。監督の乗った車の後ろから、助監督やカメラマン、照明担当など二十人近くが付いて回る。それを我々は撮影していくのだが、肝心の今村監督は、我々の存在を無視し続けていき、言葉もかけてくれない。こちらが名刺を差し出して挨拶しても、「テレビか」と、一言吐き捨てただけだった。

後で分かったことだが、今村監督はテレビが嫌いだという。映画が斜陽になったのもテレビに一因があるのは間違いないが、テレビは考えて撮影しない、ただ、ダラダラ撮影するのがテレビの嫌いなところだと言う。確かに今村監督の映画作りでの撮影は、考えて、考えて、悩み抜いた末に、ショットを決め撮影するが、テレビドラマやニュース取材は、比較的簡単に何種類か撮影してしまい、編集の力で作品に仕上げていく。スピードを重視するテレビのやり方は、映画人にとっては我慢ならないらしい。

この価値観の違いから、我々は今村監督に何度も怒鳴られた。ある時は撮影の邪魔になるので、自分の視野に入るなと、きつく言われたこともあった。我々は草むらの中から、スナイパー狙撃犯のような感じで、監督の姿を撮影した。メイキング撮影を我々に依頼しておいて、なんでそこまで虫けら扱いされるのかと思い、腹立たしいこともあったが、それでも、我慢しながら一年近く撮影を続けた。何度か監督にインタビューしたこともあるが、その答え方は、実にぶっきら棒で、何かこちらが怒られているような感じだった。

しかし、監督も人の子、雨の中や炎天下の我々の取材姿を見て、次第に態度は変わってきた。

最後には今村監督の人懐っこい笑顔や、冗談まじりの話なども撮影できるようになっていった。

それにしても映画人の撮影に向かう執念には驚かされた。

矢須子が原爆のキノコ雲を見上げるシーンの撮影では、防波堤が邪魔になるので、壊してほしいと岡山県に申し出ていた。これは実現しなかったが、撮影許可がなかなか出ない鉄橋の撮影などは、ローカル線の列車が通過した後、無許可で撮影していた。

また、岡山市内での撮影も警察への届出もなしで、勝手に交通を遮断して撮影していた。ギリギリの撮影の連続である。助監督は月野木隆だったが、今村監督の制作意図は最大限生かそうという熱意が溢れていた。

監督の一言で、何十人ものスタッフが、一斉に動き回っていた。

ある座敷の会話のシーンで、監督が一言、

「モンシロチョウが欲しいな」

と呟いたことがあった。

その呟きを聞いた瞬間から、スタッフ全員が蝶採集に走り回った。三十分ほどで二十匹ほどの蝶を捕獲した。そして会話シーンの途中で、モンシロチョウ二匹が背景の庭を横切るのだ。撮影は見事成功した。しかし、後で映画を見たとき、フィルムの傷のようで、はっきり見えなかった。

また、ある夏の夜の撮影で、カエルの鳴き声がうるさいとの監督の一言で、長い竹竿を持ったスタッフが十人近く、夜の水田を叩きながら、カエルを追い払ったこともあった。

監督の動物エピソードは多い。名作「楢山節考」でも、蛇が欄間を這っていくシーンでは、蛇が思い通りに動かないので、何度もやり直し、蛇もグッタリしてしまったそうである。全ては映像へのこだわりなのだろう。

主演の人気タレントをまず決めて、脚本を探すという、今のテレビには、絶対真似ができない制作手法だと思った。


いわゆる、今村組と呼ばれたスタッフには、印象深い人物が多かった。原爆投下直後の「黒い雨」を何度も試作した美術監督の稲垣尚夫氏、撮影カメラマンの川又昂氏。何度も、紅谷愃一音声担当と喧嘩をしていた照明の岩木保夫氏。映画の撮影で、音声と照明は運命的に対立してしまう。二人の大喧嘩を何度も見せられた。

良い音声を録ろうと思えば、マイクを突き出さなくてはならない。突き出されたマイクはデリケートな照明に影を落としてしまう。

「もう少しマイクを引いて！」

と岩木照明担当から怒鳴り声が何度も聞こえていた。

スタッフで印象深い助手が、三池崇史だった。彼は、十年後、「ゼブラーマン」や「ヤッターマン」などでヒット映画を作り出し、カンヌでも知られる大監督となっていく。しかし「黒い雨」では死にもの狂いで、ロケの下ごしらえに取り組んでいた。

成田の「杉森彫刻」で、原爆投下直後の死体のマネキン作りに取り組んでいる時だった。彼はそのマネキンの型作りのために、まる裸になった。苦しみもがく表情の、死体の型を作るのだ。彼が入ったドラム缶の中に大量の樹脂が流し込まれ、最後は、息ができるようにホースを口に加え、姿が見えなくなるまで樹脂が注がれた。

樹脂で詰まったドラム缶の中で十分間もじっとしていなければならない。少しでも樹脂が口の中に流れ込んでしまえば、大事故の可能性もある命がけの作業だった。彼の努力のお陰で、焼け跡に転がる生々しい焼死体が、いくつも作られた。

その後、十年以上経って、テレビの芸能番組で、話題の監督として登場した彼を見た時には驚いてしまった。

日本映画を背負った、自信に満ち溢れた感じの今村監督だが、構成上の悩みも見せていた。「黒い雨」は全編モノクロの作品だが、実は、当初の台本では、現代部分で、主人公・矢須子が年老いて四国霊場をめぐるカラーシーンがあった。

後遺症の残った年老いた矢須子は、最後に五百羅漢の中に立ち、原爆症で亡くなった人々に囲まれて死んでいくラストシーンで終わる予定だった。しかし、そのカラー部分は全てカットされ、矢須子が病院にトラックで緊急搬送される場面で映画は終わってしまう。時間と手間をかけ撮影した遍路の部分は、跡形もなく消えていた。

その過程に何があったのかはっきりは分からないが、巨匠とはいえ、悩みぬいた結果なのだと思った。そのカラー部分は、井伏鱒二の原作「姪の結婚」にはない話である。井伏鱒二が反対したのか今村監督が井伏の原作を超えることができなかったのか、我々には分からない。機会があれば、今村監督に一度聞いてみたい点であるが、彼は二〇〇六(平成十八)年に肝臓がんで亡くなってしまった。

「お前らみたいなテレビ屋に分かるか」

と、ニヤリと笑いながら言われそうである。

五十五歳で、乳がんで亡くなった元キャンディーズの田中好子は、その後のインタビューで

「岡山の村でのロケは、逃げ出したくなるほど辛かった」

と述べている。

ロケの間に一週間ほど休みがあっても、今村監督は、

「東京に君が帰れば、顔が甘くなって帰って来るに違いない」

と帰ることとさえ禁じていたと語っていた。

また今日、押しも押されもしない日本を代表する監督となった三池崇史は、
「黒い雨のロケは、一生持って行けるくらい貴重な体験だった」
と述懐している。

今村監督の言葉は、全て重いものが感じられた。最初のインタビューで作品に対する意気込みを聞いたことがあるが、監督は「突き刺さるような歴史」として映画を完成させたいとも述べていた。また彼は、昭和の映画界の巨匠、小津安二郎を常に意識して、ロケを進めていたような気がする。小津監督ならこうするに違いないと考えれば、そこに今村流を合わせていく。

映画の中で使われる台詞も、重いものが感じられた。

北村和夫演ずる主人公が、万感の思いでつぶやく

「正義の戦争より、不正義の平和のがよい」

また、名優山田昌の、この台詞も心に残る。

「私らー、貧乏人じゃけえ。諦めろ言われりゃあ、すぐ諦めますけえ」

そんな名台詞を、今村の魔術が一つひとつのシーンに、丹念に織り込んでいた。

存在感のあった今村昌平監督だったが、幼なじみで映画仲間だった北村和夫と共に亡くなってしまった。今となっては、あの鬼のような形相が、なぜか妙に懐かしい。

主演の元キャンディーズの田中好子さんも、残念ながら二〇一一（平成二十三）年四月に乳がんで亡くなってしまった。原爆症で死んでいった矢須子と、がんで五十五歳の若さで亡くなってしまった田中好子が重なる。

天国の今村昌平監督が

「もう映画は作らないよ」

なんて、ニヤリと笑って呟きそうな感じである。

しかし、この三十年ほどの間に、映画作品に体を張っていた今村昌平監督、主演の北村和夫に田中好子、さらに名演技の三木のり平、殿山泰司など魅力ある映画人たちが、亡くなってしまい寂しい限りである。

「黒い雨」のメイキングを取材して、三十年以上にもなるが、いまだに今村監督のあの声と言葉が耳から離れようとしない。

「それが映画なんですよ」

と呟く、今村監督の怪しい笑顔が浮かぶ。

RSK・二人のドキュメンタリスト 14

豊島産廃問題

長島架橋

14 RSK・二人のドキュメンタリスト

一般的にドキュメンタリストというのは、会社組織になじまないことが多い。組織は、効率主義から、ドキュメンタリストまでも型にはめようとしたがるが、RSKは少々わがままなドキュメンタリストでも、容認する包容力を持っていたような気がする。才能を自由に泳がすところがあったと思う。

そのRSKに、二人の才能豊かなドキュメンタリストがいた。私は彼らと共に仕事ができたことに感謝したい。

ドキュメンタリストには、取材手法の違いで二つのタイプがあると考えている。それは、取材対象へのアプローチの方法で区別される。向こう岸に渡らない取材者と、向こう岸に渡って深く入り込むタイプの取材者である。つまり、取材対象と常に一定の距離を保つ取材者と、取材対象に同化して、内実に迫ろうとする取材者だ。どちらが正しく、あるいは間違いとは言えない。いずれも真相に迫ろうとする姿勢は同じである。

前者の、向こう岸に渡らない記者は、徳光規郎だった。彼はダム建設問題を扱ったドキュメンタリー「甘柿、渋柿」でも、ダム建設反対の住民に対して冷めた目を持っていた。いわゆる「補償金次第」という反対住民の反対のための反対運動があることを見抜いていた。

存在であった。

建設を推進する岡山県に対しては、相当厳しい取材姿勢で臨んでいた。当時の現職知事から何度も呼び出され取材姿勢を質された。岡山県は、RSKの筆頭株主であるから、苦言を伝えたかったのだろう。

それでもドキュメンタリー番組は、予定通り放送され、苫田ダムは建設された。ダムの底に沈んだ民家は豪邸に建て替えられ、現在は何の論議も起きていないが、ダムが本当に必要だったか、不要だったのかは不明のまま、時間だけが過ぎ去っていった。

徳光規郎の手掛けたドキュメンタリーで、最も印象的なのは、ハンセン病差別の現実を世に問うた一連の作品だった。

瀬戸内海に浮かぶ岡山県の島、長島に日本で最初の国立ハンセン病療養施設ができたのは、一九三〇(昭和五)年のことだった。その後、三千人近い患者が日本全国から島に強制収容された。らい予防法の狙いは、患者を島に閉じ込めて、らい菌と共に絶滅させようというものだった。

この島への取材は、入所者側の抵抗から、拒み続けられてきた。特に顔のテレビ撮影は、入所者の身元が判明し、親族が激しい差別を受ける可能性があり、長く拒否された。

徳光規郎は、差別の悲劇を伝えるためには、入所者へのインタビューが不可欠と考え、ENG（小型の動画用カメラなどを用いたニュース取材）による撮影取材を執念深く申し入れた。

しかし当初、入所者自治会の拒否反応は強く、なかなか撮影許可は出なかった。現在、全国の弁護士グループが、さまざまな支援活動を展開しているが、その当時は、弁護士の姿は、ほとんど見られなかった。メディアを含めて世間は、あまり強い関心を示してはいなかった。

「ハンセン病療養施設での、入所者へのカメラ取材から、全てが始まる」

と、徳光は確信していた。

彼は、何度も何度も自治会を訪れ、強い拒否反応を見せる入所者自治会幹部と我慢強く対話を続けた。

「あなた方の悲惨な歴史は、あなた方が証言しなければ、何も後世に残らない。日本から疾病差別はなくならない」

と、時には大声で説得しようとした。

そうしたやり取りが半年も続いて、次第に入所者の一部も態度を軟化させ、限定的な撮影取材を認め始めた。

取材を始め、少しずつ撮影が進められた。地元のテレビ局だけでなく、全国のテレビ局でも、初めての本格的なハンセン病テレビ取材だった。取材する側も、取材される側も緊張の日々が続いた。

一九八八(昭和六十三)年、世紀の事業と言われた瀬戸大橋開通の一か月後、隔離の島への小さな橋の開通を記念し、「もうひとつの橋」というドキュメンタリー番組が完成した。それから四十年以上もＲＳＫによる長島取材は続けられ、多くのドキュメンタリストを生んだ。長期にわたるハンセン病差別取材は、地方局でないとできない取材だったのかも知れない。


このテーマに関して徳光の映像指示は厳しいものがあった。カメラマンに毎回厳しい言葉を浴びせていた。彼は、映像の構図と明暗を大事にした。カラー映像の限界を感じていたようだった。

カメラマンには、

「ズームアウトは絶対するな」

と、厳しく指導していた。

その理由は、映像の構図が、いい加減になるからだということだった。少ない制作予算をやり繰りしていたが、意図通りの映像が撮れていないと、カメラマンはどんなに遠くても再取材させられた。

「病醜のダミアン像」撮影の時も大騒動になった。

埼玉県立近代美術館に、自らもハンセン病に感染した「ダミアン神父の像」が展示されていた。しかし神父の顔が、ハンセン病後遺症のため獅子のように変形していた。病醜を強調した彫刻は、ハンセン病差別を助長しかねないという患者側からの申し入れを受け、展示室から撤去されたことがあった。

我々は、倉庫に隠されていたダミアン像を撮影するためだけに、埼玉に出掛けた。何時間もかけ倉庫から運び出した像を撮影した。撮影を終え、岡山に帰って徳光デスクに映像を見せた途端、彼は、飛びかかってきそうなほど激怒した。

像が撤去され、壁だけとなった展示室の映像がまったくないと言う。確かに、像が消えた空虚な壁の映像は必要だ。

カメラマンは翌日早朝、像が撤去された壁の撮影のために埼玉に向かった。その壁の映像は、編集の中で四秒間だけ使われた。たった四秒でも、作品にとっては欠かせない映像だった。


もう一人の特筆すべきドキュメンタリストは、曽根英二である。

彼はアナウンサーとしてＲＳＫに入社したが、新人の当時から報道に強い興味を示していた。

一九七四（昭和四十九）年の水島コンビナートで発生した、三菱石油重油流出事故の取材では、私と曽根記者が瀬戸内の漁民の家に何度も出掛け取材した。私も曽根もまだ二十代の若いころの話だ。

彼の取材姿勢は、徹底的に相手の懐に入り込んで、真実を求めていくという、徳光規郎とはタイプの違う取材者だった。

彼の良さは正確な眼力だ。彼は、岡山地裁の取材で、ある聴覚障害者の裁判に注目した。年老いた聴覚障害者の数百円の窃盗事件が発生した。他のマスコミは何の興味を示さない記事にもならない事件だった。しかし、曽根英二は障害者への裁判制度に、著しい不公平が存在していることにこだわり続けた。

結局、この数百円の窃盗事件を一年近く追い続け、「おっちゃんの裁判」として一時間の見応えのあるドキュメンタリー作品に仕上げた。

彼は言葉を話すことができないおっちゃんと、手話もどきの手真似で会話できるほど、取材対象に入り込んでいた。「おっちゃん」も曽根記者を信頼して、取材は順調に進められた。

「おっちゃん」の病死まで八年に及ぶ取材は「生涯被告」という秀作に仕上げられた。当時の司法記者クラブの記者の誰もが、見向きもしなかった、わずか数百円の窃盗事件に、裁判の不備をあぶりだした曽根英二の眼力は素晴らしいものだった。

彼のもっとも大きな作品は、瀬戸内の美しい島への産廃廃棄問題だった。五十万トン以上もの、大都市の産業廃棄物が、香川県の豊島の環境を破壊していた。

曽根記者の心を動かしたのは、美しい島の道路を、何台ものダンプカーが、我が物顔で走り抜ける風景だった。静かだった島で暮らすお年寄りや子どもたちが、ダンプカーの砂埃の中に消えていく。曽根英二は、重大な環境問題が潜んでいると睨んで、二十年間、継続取材し、「泣き寝入りしません」など、八本ものドキュメンタリーを制作した。

産廃阻止を訴える島民を支援したのは、元日弁連会長の中坊公平弁護士だった。曽根英二は、この中坊弁護士と島民の中に入り込み徹底的な取材をかけた。曽根リポートは、TBS筑紫哲也の「ニュース23」で何度も紹介され、日本全国に豊島産廃問題の深刻さを訴えた。

当初、「ミミズの養殖場」と不法投棄を認めなかった香川県も、曽根記者の勢いに押され態度を一変させた。

当時の香川県知事の

「島民の反対は、金でしょう」

の呟きにも曽根記者は、食い下がった。

「島民が命を懸けて産廃問題に取り組んでいるのは、補償金次第と言いたいのですか」

曽根記者は、理詰めで知事を追い込んだ。そのやり取りの実音は作品で曽根英二の強い道義感を感じさせた。

結局、この知事はその後、国の公害調停で、県の責任を認めた。

彼の一連の豊島報道が高く評価され、「菊池寛賞」までも受賞した。

徳光規郎の制作したドキュメンタリー「もうひとつの橋」が放送されてから五年後、長く本土から隔絶されていた長島に橋が架かった、わずか三十メートルの瀬溝と呼ばれる海峡に架けられた小さなちいさな橋だが、人間回復というとても大きな意味を持っていた。

また、曽根英二が取り組んだ産廃投棄の豊島からは、九十万トンもの産廃が、八百億円と十七年をかけて取り除かれ、溶融処分された。

ＲＳＫのドキュメンタリー番組が、問題解決に向け作用したことは確かである。


徳光規郎はＴＢＳへ、曽根英二は定年後大学教授へと、二人ともその後、ＲＳＫを去っていったが、ＲＳＫのドキュメンタリー制作の歴史の中で、忘れることができない存在だった。

そうした才覚あるドキュメンタリストを生み出したＲＳＫに、誇らしさを感じるとともに、そうした地域主義の報道姿勢は、ＲＳＫの貴重なＤＮＡとして今後も守り続けてほしい。


最近、報道現場からドキュメンタリー番組を作るスタッフがいないという声をよく聞くが、今も昔もドキュメンタリー番組に向いてるスタッフなどいないと考えている。私の経験から、難易度の高いのは日常のストレートニュースだと思う。特にストレートニュースのリード部分が、報道の原稿で一番難しい作業だと思っている。短時間で取材し、一〜二分の短い原稿で、視聴者に分かりやすく伝えなければならないのは高度な技術である。

ドキュメンタリーは一か月ほど集中して取材し、さらに二週間ほどかけ編集し、原稿を書き上げる超スローな作業だ。経営的にいうとコストの高い作業でもある。常識的には、一時間で一分をつなぐというペースが最適だが、作品性を高めるためには、そうもいかない。人間の作業であるから、時には悩み、立ち止まり、一時間で一分の編集が、二時間で一分の編集になることもある。

しかし、ストレートニュースに比べれば、自分のペースで作品を仕上げることができるので、やりやすい面もある。ドキュメンタリーが難易度が高いというのは迷信だ。そう考えるとドキュメンタリーにふさわしい人間は、全ての報道部員であると思う。

ドキュメンタリストにとって最も大切なことは、「人への関心」ということだ。さまざまな世界の人間に関心を持てるか持てないかが決め手となる。強い権力を持つ制圧者にも関心を持つが、虐げられた被制圧者にも高い関心が持てる人間がよい。

ドキュメンタリーは技術論でなく、制作者の人間性にかかってくる部分が多い。何かのために作品をつくるのではなく。そのネタにかかわる人間模様に関心が持てれば、ドキュメンタリストといえる。

もう一つ言わせてもらえば。「人間が好きかどうか」と考える。人間が好きな報道人は、そのまま良い作品に繋がっていく。ドキュメンタリーのＲＳＫを、これからも大切にしてもらいたいと願うばかりである。

久米田真志広島支社長（左）と高田明社長

RSK営業マンとジャパネットたかた

15

15 RSK営業マンとジャパネットたかた

もう一つ、RSKのDNAの話をしたい。それは報道畑ではなく営業担当の話である。

地方局の営業の役割の一つには、地場企業の情報発信力を高め、発展を手助けするという役割がある。大企業を対象とする代理店営業も大切だが、地方の懸命に頑張ってる零細企業を応援するというのも地方局の大切な仕事と考えている。地味ではあるが、足で稼ぐ営業でもある。

そんな見本を我々に示してくれたのが久米田真志である。

一九九〇(平成二)年、山陽放送広島支社長だった彼は、長崎県佐世保のハウステンボスへ出張で出掛けた。広島から九州までは、広島支社のテリトリーである。久米田支社長は、長崎ハウステンボスでの打ち合わせを終え、佐世保駅に向けタクシーを走らせていた。

車内のカーラジオからは、地元局・長崎放送のラジオ番組が流れていた。男性が甲高い声で、カメラの宣伝をしていた。佐世保市内のカメラ店のラジオショッピングだった。カメラの特徴を、佐世保弁を交えながら、巧みに説明する名調子に、久米田支社長は耳をそば立てた。

タクシーは佐世保駅手前まで来ていたが、久米田支社長は、タクシーの運転手に声を掛けた。

「運転手さん、今ラジオで流れている男性の声は、誰だか分かりますか」

と尋ねると、即座に返事が返ってきた。

「ああ、知ってますよ。佐世保の三川内のたかたカメラ店の主人ですよ」

久米田支社長は、その高田という人物にひと目会いたいと運転手に頼んだ。


しばらくして、町はずれのプレハブの小さなカメラ店に到着した。店に入ると美しい女性店員が出て来た。

後で分かったのだが、女性店員は高田社長の奥さんだった。

「主人は、今ラジオに出ているので、終われば出て来ます」

と言われた。

しばらくして、四十過ぎの若いスポーティーな感じの高田社長が出て来た。後に通信販売会社「ジャパネットたかた」を創業する高田明氏である。ラジオで流れていた甲高い声は消えていた。

「どちら様ですか?」

久米田支社長は、岡山の放送局の広島支社長で、ラジオショッピングを聞いて、ぜひ会ってみたいと思い、ついやって来たことを告げた。

すでに夕暮れも迫るころであったので、髙田社長が食事でもしながら話しませんかと持ち掛けてきた。久米田支社長は、その日のうちに広島へ帰る予定だったが、翌日の朝一番の列車に飛び乗れば何とかなると、髙田社長と懇談することにした。

佐世保市内での髙田社長との宴会は、五人ぐらいに増え、盛り上がっていった。

久米田支社長は、髙田社長に、酔った勢いで持論を展開した。

「髙田社長、貴方のラジオでの話は独特で、人の心を引き付けるところがある。商品の見えないラジオでは、巧みなセールストークが決め手となる。長崎だけでなく、岡山でもやってもらえないか」

と持ち掛けた。

髙田社長も酔いが回ってきて、甲高い声に変わって

「久米田さん、私はラジオショッピングを、全国でやってみたいのです。こんな佐世保市からでも、可能性はあるのでしょうか」

久米田支社長は即座に切り返した。

「髙田さん、貴方は本当に全国に向けて、ラジオショッピングをやりたいと、本気で考えているのですか」

「やりたいですよ」

しばらく無言が続いて、久米田支社長が、

「分かりました。できるかどうか確約はできませんが、明日広島に帰って、どうやればできるか整理して、社長にＦＡＸします」

たまたまラジオ放送を聞いた久米田支社長は、声の主とその日の夜、意気投合した。

その夜は、佐世保市内のカラオケスナックで盛り上がった。久米田支社長が、持ち歌「河内おとこ節」を歌い上げるころには、二人は二十年以上も付き合ってきた親友同士のような空気に包まれていた。

久米田支社長は、広島に帰って、ＲＳＫ経由で全国ネットする方法をあれこれ考えた。資金面や放送のための電話回線、注文が全国から来たときの発送方法など、十項目ほどの条件をＦＡＸで髙田社長に送った。

それから二か月ほど髙田社長からの返事はなかった。

久米田支社長は、

「やはり条件を整えるのは無理かもしれない」

と考え始めたころ、髙田社長から久しぶりの電話がかかった。

「久米田さん、一生懸命動き回って、条件を全てクリアしました」

と明るい声が聞こえてきた。

そして久米田支社長は、会社の幹部を説得して、実施に踏み切ろうとした。

しかし社内には反対の声もあった。佐世保という遠隔地からのラジオ出演で、商品を扱うための信頼性はどうなのか。同じ商品を扱う岡山の地元商店からの反発があるのではないか。全国に商品を無事届けられるのか。久米田支社長にとっては予想どおりの反対意見だった。

最後は、

「失敗したら、私が全て責任をとります」

と言い切った。

そして悶絶の末、「企画ネット」という新しい方法を編み出し、岡山経由のラジオショッピングは全国展開されるようになった。

それから三十年、「たかた」はテレビでの通販も開始し、「ジャパネットたかた」として日本全国で知らない人はいないほどの大きな会社になった。

「たかた」を見いだした久米田支社長はすでに退社したが、「営業は足から」の実践例として、今もRSKで語り継がれている。ローカル局の、地域を見詰める力が、いかに大切かを教えてくれた。

地域を見詰める報道力、地場企業の発展を願う営業力。どちらも、今後も絶やしてはいけない地方局のDNAである。

「インシャーラー」カイロの不思議世界

16

カイロ郊外のオアシス

「インシャーラー」カイロの不思議世界——16

山陽放送は、一九七二(昭和四十七)年からJNNの中東支局を担当してきた。どのニュースネットワークでも同じことがいえるが、通常、海外支局は大きな局から順番に重要地点が割り振られる。ワシントン、ロンドン、パリなどの支局は、大体キー局が担当し記者を派遣している。山陽放送は小さい局なのでアジア・アフリカ地域にしか支局を開設できない。結局、同年にレバノンの首都ベイルートが割り当てられた。

当時、山陽放送の役員を含めて、誰もがレバノンがどこにあるのか、どんな国なのか、まったく知らなかった。それでも、どこでもいいから海外支局を持ちたいというのが、当時の幹部の考えだった。

そして、そのレバノンへ片山健特派員が派遣されたが、いきなり激しい内戦が始まり、エジプトの首都カイロに支局を移した。しばらくして中東危機が起こり、オイルショックの大混乱が日本でも発生した。

このころから、中東地域が海外ニュースの中心になっていき、カイロ支局の存在感が高まって

ナイルデルタで取材

ナイルにて

いった。その五代目の支局長に赴任が決まった私は、英語を急いで再勉強し、一九九〇（平成二）年三月カイロに飛んだ。

一九九〇（平成二）年春から、エジプト・カイロでの特派員生活が始まった。ベルリンの壁の崩壊、東西冷戦構造の終結など世界は雪解けムードに満ち溢れていた。

カイロへの出発の日、先輩からは、

「まあ、この二年ほどＲＳＫ特集で忙しかったから、夏休みのつもりで行ってこい」

とも言われ送り出された。しかし、実は夏休みどころでなかった三年間だった。

赴任直後の三か月ほどは、穏やかなアラブ風の暮らしを楽しむことができた。初めてのカイロ生活は驚きの連続だった。まず音が多い。街中で一日中クラクションが鳴り響いていた。街の真ん中を流れるナイル川の流れは、穏やかで静かなのに、街に暮らすエジプト人はうるさく、一日中喋りまわっている感じだった。

公園でも歩道でもバスでも電車でも、飛び跳ねるような会話が、途切れることはなかった。制服姿の警官も、男同士が腕を組んで楽しそうに歩いている。日本では考えられない光景だが、カイロでは、成人の男性同士が腕を組んでいる光景はよく見掛ける。

九割の富を一割の人間が独占するというアラブ世界。貧富の差は大きく、貧しい人々が多い街なのだが、厳しい表情や不安な表情はあまり見せない。庶民はあくまで明るく、自分たちの生活を楽しんでいるようだった。

部屋にクーラーもない人々は、夜になると高速道路の分離帯にシートを敷いて、家族で食事や音楽を楽しんでいた。車が猛スピードで通り過ぎる瞬間の、つむじ風を楽しんでいた。排ガスなど問題にしていない。

「インシャーラー」というよく使われるアラビア語がある。これは「神の思し召すままに」という意味だが、彼らの生活の哲学が、この言葉にあるような気がする。何かトラブルがあっても「インシャーラー」で片付けてしまう。大きな争いごとに発展することがないのである。

市街地の道路で一台の故障車がいたため、大渋滞になっていたことがあった。日本だと故障車の運転手には、厳しい視線が向けられるが、カイロでは違っていた。車の故障はドライバーの不注意や怠慢ではなく、「神の思し召し」、つまり「インシャーラー」の世界なのである。

故障車の横を通過するドライバーからは励ましの言葉さえ飛び、中には車から降りて修理を手伝おうとする者もいるほどで、まさしく「インシャーラー」の世界なのである。故障トラブルが多いアラブでは、とんでもない解決法を、時々見せてくれる。ある大学出のインテリドライバーの車に乗った時のことだが、キーを差し込んで回しても、なかなかエンジンがかからない。少々急いでいた私は不安になっていたが、そのドライバーが、いきなり車のキーを舐め始めた。何度もキーを抜いては舐めている。私のイライラが高まり始めたとき、突然エンジンが勢いよく回転を始めた。ドライバーは別にうれしそうな表情でもない、いつものことだと言わんばかりであった。

また、あるとき天井の低いガードの手前で、積荷を満載したトラックが停まっていた。どうやら荷物を積みすぎて、ガードを通過できない様子だった。車が次々やって来て、ガード周辺が大渋滞になりそうだ。荷物を一度下ろして、ガードを抜けて積み直しするしかないと考えられるのだが、四～五人の男が意見を言い合っていた。

十分ほどして解決策が見つかったらしく、ドライバーが何か道具を持って来たかと思うと、いきなりタイヤの空気を抜き始めた。空気はあっと言う間に抜けてしまい、なんと車がガード下を通過できるようになった。ガードを抜けた後また空気を入れるということらしいが、日本人には考え付かない対応だった。

イスラム社会をじっと見ていると面白いことが多い。日本にない行事で、最も興味を引かれるのが「ラマダーン」という断食月である。

陰暦で期間が決められるが、約一か月も続けられる。このラマダーンに入ると、日の出から日没まで飲食は一切禁止となる。厳格に言うと、生唾も喉を通してはいけない。何も飲み食いできない日中は、市民もぐったりした感じだ。しかし日没になると、どの家庭でもご馳走が用意され、大宴会が開催される。

ナイトクラブでも、ベリーダンスなどの特別公演が用意され、陽が昇る朝まで大騒ぎとなる。

イスラム教の預言者マホメッドの教えでは、豊かな人も年に一度は貧しい生活を知らなければならないという教義からくる宗教行事だった。

しかし、現代のアラブ社会は、年に一度の大騒ぎの祭りにしてしまっていたようだ。期間中は、街の中にいくつもの金持ちによる「施しのテント」が設けられる。貧しい人々もご馳走を味わえるようにとの教えである。

イスラムの教えでは、豊かな人は貧しい人に施しを与える義務があると教えている。だからテント内では、施しを受ける側が堂々と飲食を楽しみ、オーナーに礼も言わずに帰って行くのが普通のようだった。「施しを受けてやっているのだ」と言わんばかりに。

カイロ支局のスタッフもエジプト人だから、ラマダーン中は昼間一切食事をとらない。暑い砂漠での取材中に冷たいものを飲む時も、ラマダーン中ならカメラマンなどは一滴も水を飲むことができない。

私がおいしそうにコーラを飲んでいると、カメラマンが私の前にやってきて、私がコーラを飲む姿をじっと見詰めている。私が飲み辛いから隣の部屋に行ってほしいと頼むと、カメラマンは、

「ここにいて、コーラを飲むところを見せてほしい」

という。

飲むところをじっと見られるのは嫌だろうが、イスラム教徒は、そうして、渇きを味わうのが修行で、ラマダーンの本来の趣旨なんだと言うのである。

つまり、どんな暑い時でも、貧しい人々はコーラを買うこともできない。その貧しい人々の苦しみを知ることが、ラマダーンの意味なんだと言うのである。

もともと、イスラムの教えは、社会が健康的であり、人々が平和に暮らすことを求めた、現実的な宗教といえるかもしれない。

豚肉を絶対に食べてはいけないというのも、豚は自らの排泄物を食べるため、かつては疫病のもとになったためという。

また男性は四人まで妻を娶《めと》ることができるというのも、好色が理由ではない。モハメッドの時代、戦乱の世で多くの男たちが戦死し、未亡人が町に溢れていたため、豊かな男は自分の妻以外に三人の未亡人の面倒をみるべきという教えからきている。つまり未亡人があまりにも多すぎると、社会に混乱が巻き起こるという考え方なのだ。

イスラムを語るとき、テロ攻撃などぶっそうな話が多いが、イスラム教自体は、他の宗教と同じく人々の安寧を願う宗教であることは間違いない。原則的に言うと、アルコール類はイスラムでは禁止されているが、観光都市カイロでは自由にアルコールを楽しむことができた。カジノも外国人には自由であった。

さまざまな娯楽があったが、私が最も楽しんだのはピラミッド周辺の乗馬クラブだった。乗馬クラブというと、何か贅沢なリッチな感じがするが、カイロの乗馬クラブは、どちらかと言うと薄汚れた「乗馬屋」といった感じだった。

昼間は暑いので早朝六時ごろ「MG」という乗馬屋によく通った。日本だと、ちゃんと服装を整えて一時間五〜六千円かかるのが相場と思うが、MGクラブでは一時間馬を走らせ回っても、五百円ほどの安さだった。

自分で馬を選んで、鞍を付けてもらい、砂漠に向かって出掛ける。一人付き添いが付いて来てくれるが、私の場合は「ザキ」という英国人のような顔立ちの男が、毎回教えてくれた。最初はとぼとぼと歩くだけの一時間だったが、一か月もすると、早足で駆け抜けることができるようになった。馬で走り回るというのは初めての体験だったが、ピラミッドを遠くに眺めながら、斜面を一気に駆け下りたり駆け上がったりするのは、ゲレンデスキーのような感じだった。とぼとぼ歩くときは、馬の背中が上下してなかなか難しいが、疾走するとピョンピョン、飛び跳ねている感じで、かえって楽な乗馬になっていた。

慣れてくると色んなところを走りたくなり、近くの農村に出掛けたり、砂漠のオアシスにも出掛けて行った。最後は、カイロの中心部タハリール広場まで出掛けて、TBS「ニュース23」の企画で放送したこともあった。十分ほどの馬上リポートだが、スタジオの筑紫キャスターも、コメントに戸惑うほど型破りなリポートだった。おそらく、カイロの中心街を、馬に乗って走り回った狂気の日本人は、他にいないのではないかと思う。

雨が極端に少ないせいか、砂漠が近いせいなのか、砂埃に包まれた街だった。衛生観念は日本と比べ物にならない。自宅のアパートの引き出しの中からは、百匹以上のゴキブリが飛び出してきた。町の道路沿いは、便所代わりに使われているのか、常に饐《す》えた臭いが漂っていた。抗菌グッズが溢れる日本とはまったく違っていた。驚きは衛生面だけではなかった。そんな優雅なカイロ生活もたった三か月で終わり、二年間の紛争地取材に入った。

イスラエル占領地・ガザ地

17 宗教対立でもなかったパレスチナ紛争

17

宗教対立でもなかったパレスチナ紛争

乾いた大地と砂の中東地域で、イスラエルは、まるでヨーロッパの田園地帯に来たような風景の国だった。別の言い方をすれば、アラブとは、文化も生活様式も考え方もまったく違う国だということだ。

第二次世界大戦終結直後、国連はパレスチナへの、ユダヤ国家樹立を認めた。ドイツ・ホロコーストでのユダヤ人犠牲者六百万人に、世界は同情していた。しかし、パレスチナの地に生きていた、アラブの人々のことには目もくれなかった。そのことが、戦後七十五年を経た現在まで、衝突を繰り返す原因になっていることは確かである。

それは、我々日本人に立場を変えて考えてみればよく分かる。例えば、日本が戦争に負け、ロシア国民が「岡山県はロシアにとって神が約束した地であるから、日本人は岡山県から出て行け」と言ってるようなものだ。

やがて、岡山県の周辺にコンクリートの高い塀が造られ、何百万ものロシア人が移り住んでくる。日本人が何度か攻撃を仕掛けても、大量の武器を持つロシア軍が簡単に撃退してしまう。こんなことになれば、日本人はどんな気持ちになるだろうか。

言うまでもなく、日本では考えられない話だが、パレスチナでは、解決への道筋も見えないまま、毎日のように繰り返される衝突で、何人もの犠牲者が出ているのだ。

私は、そんなイスラエルに、二十回近く入国し取材を続けてきた。このイスラエル取材で共に仕事をしたのが、エルサレムに住み、映像プロダクションの社長をしていたエミール・グレゴだった。先祖はイタリア系のユダヤ人で、戦後、子どものころパレスチナに入植してきた。グレゴは、商売っ気が強く、ギャラにはうるさかったが、イスラエル首相や高官への単独会見を段取りしてくれたり、大助かりの面もあった。また、ユダヤ教の安息日、ジャバットの日には自宅に招待してくれ、ご馳走を食べさせてくれたこともあった。

エルサレム滞在中は、毎回アメリカン・コロニー・ホテルに泊まっていたが、中庭でコーヒーを飲みながら、グレゴとアラブ情勢についてよく意見を交わしていた。

そのイスラエル取材で、もっとも憂鬱《ゆううつ》だったのが厳しい入国審査だった。この入国審査は誰の助けもなしでパスしなければならない。だいたい、女性の入国管理官による質問があるのだが誠に無愛想で、冷たい言い方の早口の英語で、グイグイ聞いてくる。質問がよく分からないと、

「なんで、そんな英語が分からないのよ」

という表情で、何度も繰り返してくる。ずっと険しい表情のままである。

「何でイスラエルに来たのか」

「何処へ泊まるのか」

「誰に会うのか」

「どんな質問をするのか」

「オープン！」

命令口調の指示でバッグを開けると、さらに細かい質問が繰り返される。

「このミニ・ラジオは貴方のラジオか」

「何処で買ったのか」

「乾電池は入っているのか」

「乾電池を外してくれ」

「このドライバーで分解し中を見せてくれ」

長い時は三十分以上も質問が続く。

岡本公三のテルアビブ空港襲撃事件で、多数のイスラエル人が殺されているからかもしれない。

特に「山本」や「秋元」など、「岡本」に似た発音の日本人記者は特別室で、さらに厳しいチェックが待っていた。

日本人だけに特別厳しいのかもしれないが、我々日本人記者のイスラエル訪問に、好意的でないことは確かだった。しかし、最初は嫌だった入国審査も慣れてくると、英会話の時間ぐらいと考えを変えることにした。

日本人記者の中には、本気で喧嘩腰になっている勇者もいたが、頑張ってみても時間がかかるだけで何にもならなかった。でも入国してしまうと、エジプトとは違い、そこはもう欧州の雰囲気で、女性はおしゃれで、食事も美味しいメニューであふれていた。

エルサレムのレストランに行くと、必ず女性兵士がいて黒髪の兵士が、日本の女子高生のようにはしゃいでいた。ただ違うのは、テーブルの横に立て掛けられた機関銃の存在だった。

イスラエルは徴兵制で、十八歳になると、若者は二年間の兵役が課せられていた。訓練は厳しいが、訓練が終わればどこへ行こうが自由。ただ、銃はいつも携行しなければならない。一見、平和そうに見える市民生活だが、パレスチナ人の攻撃に対しては緊張状態が続いていた。エルサレムの公園でも、ピクニックに来た小学生の列の前後には、機関銃を持った保護者が前後にくっついていた。

イスラエル国内では、ほとんどの地区でユダヤ人とパレスチナ人が混在していた。自家用車は、ナンバープレートの色で区別されていた。イスラエル国民は黄色のナンバープレート、パレスチナ人は緑色のナンバープレートを取り付けていた。

黄色いナンバープレートで占領地区に入れば、襲撃を受ける可能性が高まる。一度、グレゴの忠告を無視して、ヨルダン川西岸の占領地に取材に行ったことがあった。

ある村に入るなり、大きな石が車の屋根に落ちてきた。道路脇のビルの上から投げ付けられたものだった。

この時はグレゴが咄嗟《とっさ》に判断し、猛スピードで村を出ることができたが、石の次は銃弾が飛んできてもおかしくない危険な状態であったことは間違いない。それ以降、グレゴと黄色ナンバーで占領地へ行くことは一度もなかった。


イスラエルの南西の端にはガザという占領地があったが、この占領地での取材にはグレゴは同行できない。パレスチナ人コーディネーター、ターヘルが面倒をみてくれた。この占領地ガザでの取材はホテルもみすぼらしく、食事もカバーブなど羊料理しかなかった。エルサレムとは、天国と地獄ほどの違いがあった。

占領地内はイスラエル軍の装甲車が走り回っており、毎日パレスチナ人との衝突が起きていた。一九九〇(平成二)年ごろから、インティファーダー(一斉蜂起)という抵抗運動が繰り返されていた。攻撃の主役はパレスチナの子どもたちである。大人が攻撃すると、全面衝突や戦争に発展する恐れがあることから、パレスチナ側が編み出した抵抗運動であった。子どもたちは装甲車に向けて、石を投げつけたりゴム銃でイスラエル兵士を狙っていた。子ども同士の戦争ごっこのような感じだった。

しかし、一方のイスラエル兵は、相手が子どもでも容赦しなかった、通常はプラスチック弾を使用していたが、時には実弾を子どもたちに浴びせていた。プラスチック弾といっても殺傷力はあり、実際、十歳前後の女の子の頭に弾が当たり死んでしまったのを目撃したこともある。

幅約十キロ長さ五十キロの狭い占領地に、百万人近いパレスチナ人が暮らしていた。道路は未整備で、排水インフラも十分でないため街中の道路はいつも水浸したしになっていた。


占領地ガザからイスラエルを眺めると、なぜ紛争が起きるのかがよく分かる。生活排水のあふれる未舗装の道路しかないガザ占領地区、鉄条網の向こう側にはヨーロッパのような緑の田園風景が広がっている。イスラエル国民が建国以来作り上げてきた肥沃な大地だが、アラブの人々にとっては、もともと豊かなアラブの土地だったという強い執着心が、生まれて来るのかもしれない。

そうした先祖の土地への思いは、そのままイスラエルへの憎しみへと変わっていく。土地をめぐる反イスラエルへの思いが紛争に結び付いていく。また、経済格差の大きさもパレスチナ人の不満の原因になっている。パレスチナの戦いは宗教戦争ではなく、経済格差のもたらしたものだと何度も思った。

実際　ガザ取材時のホテルは狭くて暗い部屋で、バスタブも薄汚れ、シャワーの湯もぬるめだった。しかしエルサレムでのホテルは、まるでヨーロッパのリゾートホテルのようだった。

ホテルには大きなプールがあり、日本人記者の中にもプールを楽しんでいる者もいた。イスラエルのアラブに対する強硬姿勢を非難もする記者達だが、プール付きのホテルでの表情には、くつろぎしか感じられなかった。

私も、どちらかと言うと、心情的にはアラブ寄りだったが、ユダヤの祭りの日などには、コーディネーターのグレゴの家に招待され、ユダヤ式のパーティーに加わった。そして次の日はまた荒れ果てた占領地で、パレスチナ側の嘆きの声を聞くことになる。まるでコウモリのような両刀使いの人間のような複雑な気持ちで取材していたような記憶がある。

取材者の宿命かもしれないが、立場の違う双方から話を聞かなければならない。激しく対立し、毎日のように流血の騒ぎが起きていたパレスチナ紛争取材に関しては、自分自身の取材スタンスに違和感を感じていたような気がする。アラビア語で朝の挨拶は「アッサラーム・アライクム」ユダヤ語では「シャローム」どちらも「安寧」を願う意味だが、現実はそうはなっていない。

18

深夜の下痢とイラク軍侵攻

CBS ダン・ラザーキャスターと

18 深夜の下痢とイラク軍侵攻

一九九〇（平成二）年八月一日のカイロ、日本人記者のほとんどは、夏休みをとってケニアやヨーロッパ旅行に出掛けていた。

新人の私は、イラク軍がクウェート国境近くに集結しているというニュースが流されていたので、クウェートでも行ってみるかと、準備を始めていた。

イラクは、クウェートに対し、イラク領内の油田から盗掘を繰り返しているなど、莫大な賠償請求を突き付けていた。クウェートの五十倍ともいわれる武力をちらつかせ、フセイン大統領は、クウェートの譲歩を引き出そうとしていた。アラブ連盟の多くの国も、フセインの恫喝外交がまた始まったくらいの分析だった。カイロの日本人記者の間でも、軍事衝突には至らないだろうとの見方だった。

新人特派員の私は、カイロのクウェート大使館で入国ビザを取得し、八月一日の夜のフライトで軽い気持ちで、クウェートに飛ぶ予定だったが、胃腸の具合が悪く、下痢が激しくなったので、急遽、翌朝のフライトに変更した。

そして下痢も治まった、翌八月二日の早朝、カイロ空港に行ってみると、何となく様子がおかしい。エジプト航空のチェックイン・カウンターに行くと、クウェート空港でトラブルがあり、出発が遅れると説明された。

しばらくして、支局の助手サルワットから緊急電話が入った。イラク軍がクウェートに侵攻したと言うのである。湾岸紛争の勃発であった。イラクのフセイン大統領がクウェートを十八番目の県、クウェート県として併合したと言うのである。

その朝から、翌年二月の湾岸戦争終結まで、半年間の緊張した取材が続いた。もし、八月一日の深夜のフライトで、クウェート空港に向かっていれば、イラク軍侵攻の全てを、クウェート市内のホテルの窓から目撃できたかもしれない。

撮影でもしていれば、国際的なスクープ映像になったはずである。しかし、ホテルに潜んでいた私たちの身柄は、数時間後イラク軍に拘束されたに違いない。取材機材も映像も没収されているだろうから、やはり八月一日のフライトでのクウェート入りは、止めてよかったのかもしれない。しかし、歴史的なイラク軍のクウェート侵攻を、自分自身の目で見たかったという思いは、しばらく続いた。

その後、我々クルーは、ドバイに向かうなど、ペルシャ湾岸エリアを行ったり来たりした。アラブ首長国連邦のドバイは、湿気と高温の真夏の取材となった。ホテルから外に出ると必ずカメラが不調になるほど湿度が高く、気温も四十度以上になっていた。

ドバイ入り二日目、街中での取材でへとへとになってしまい、部屋で一休みしていると、いきなり半ズボン姿のアメリカ人男性が訪ねてきた。

ネイティブな早口の英語で話し掛けてくるが、何を言ってるのかよく分からない。どこかで見た顔で、CBSニュースのダン・ラザーキャスターと分かるまで、それほど時間はかからなかった。彼は湾岸紛争勃発と同時に、CBSキャスターとして、現地リポートを試みようとしたのだ。

本当は、イラクのバグダッドに入りたかったのだろうが、難しかったのだろう。ペルシャ湾に緊急展開する、アメリカ海軍の動きをリポートするために、ドバイ入りしていたのだ。

すでに、ドバイには世界中のマスコミが大勢入っていた。我々はドバイ到着と同時に、民間ヘリをチャーターしていた。やはりペルシャ湾に展開するアメリカ艦船の取材をするためだ。我々がヘリをチャーターした時点で、各国メディアの予約でいっぱいになっていた。

CBSのダン・ラザーが部屋へ来た理由は、ヘリに同乗させてもらいたいということだった。しかし、看板キャスター自らが私の部屋までやって来るのだから、よほどの緊急事態だったのかもしれない。TBSはCBSと業務提携しており、私も快く了解した。

ヘリコプターは四人乗りで、ダンと私とCBSカメラマンが乗ることになった。ダン・ラザーを前の助手席に、私とカメラマンは後部座席に乗ることにした。私は、ダンにベストポジションを譲った。

彼のリポートは、CBSニュースのメインを飾るものだが、私のリポートは単なる現場リポートなので、もっとも映像の映りの良い席を、ダンに譲った。

艦船を探しながら一時間ほどペルシャ湾の上空を飛んだが、それらしい船は見当たらない。仕方ないので、炎の上がる海底油田の真上を旋回しながら、リポートを撮ることにした。

まずダンの番、彼はヘリのドアを開け、身を乗り出して、早口で緊迫したリポートを収録した。ヘリがちょっとでも変な揺れ方でもすると、ダンが落ちてしまうのではないかという、危険な状態での現場リポートだった。

次に私が、後部座席でリポートした。もちろん、日本語のリポートであるから、CBSのカメラマンには、何を言ってるか、ちゃんと言えてるかどうかすら分からない。大した内容もないリポートだったような気がした。たぶん東京も放送しないだろうなと思っていたら、パイロットが大声を出して海上を指差した。

アメリカのイージス艦が航行していた。私は、その様子も含め「緊迫のペルシャ湾」をリポートした。

ダン・ラザーと私のフライトは二時間で終わったが、着陸した後、私はダン・ラザーに記念写真を撮らせてほしいと、ミーハーな頼みごとをした。ダン・ラザーとの記念写真は今も大切に持っている。

カイロ支局への派遣が決まった時から、私は英語の特訓を受けたが、その教材がCBSやCN

Nのニュースだったので、ダン・ラザーのスマートなニュース口調は耳にこびり付いていた。そんな憧れの存在であったダン・ラザーと肩を並べて記念写真が撮れるとは、思い掛けないことだった。

ドバイではダンに貸しをつくったが、実はこの二年後、ソマリアで私はダンの恩返しを受けることになる。ドバイでの借りを、ソマリアのモガデシオで返してくれたのだ。そんな律儀な男を今でも懐かしく思い出す。

19

禁欲のサウジ滞在

禁欲のサウジ滞在

19

平和ムードを打ち破り湾岸紛争が勃発し、夏休みをとっていたカイロの日本人記者たちも急遽《きゅうきょ》カイロに飛んで帰って来た。カイロ駐在の記者だけでなく、応援の記者が日本だけでなく世界各地から、続々カイロに入ってきた。当然TBS系列の記者も一気にカイロに乗り込んできた。イラクにしてもイスラエルにしてもカイロ経由で現地に行くのが手っ取り早い。アラブ各国への入国ビザはカイロが一番入手しやすい。

ほとんどの応援記者がイラク入りを目指していた。しかし、私は、最初からサウジに照準を合わせていた。何故なら、イラク軍に制圧されてしまったクウェートに行くには、イラクの首都バグダッドでなく、隣国サウジから陸路で行くのが一番早いとみていた。

その時点での判断であるから、結果が付いて来るかどうか分からないが、イラクとも国境を接するサウジアラビアが、最も意味がある国と踏んでいた。

多くの記者たちが、次々とバグダッドに向かって行ったため、焦りに似た感情もあったが、私は、サウジ入りを虎視眈々と狙うことにした。しかし、九月になっても、サウジ入りのビザはなかなか出そうになかった。

一九九〇（平成二）年九月下旬になって、中山外務大臣が、サウジを訪問するという情報が入って来た。大臣の同行取材も可能との連絡も入って来た。同行取材であるから、サウジ滞在は一週間程度である。

九月二十五日、サウジ東部のジッダへのフライトが取れた。ジッダは東のはずれで、前線からは逆の方向であるが、なんとしてもサウジに入ろうと決意し、ジッダに向かった。本来、同行取材ビザであるから、サウジの首都リャドへ行かなければならないのだが、それを無視してジッダでレンタカーを手配し、暗闇の砂漠道路を北へ進んだ。目指すのは、アメリカ軍が駐留するサウジ東部の港湾都市ダーランだ。

ジッダからダーランまでは約八百キロである。砂漠の中のハイウエーを猛スピードで走った。ダーランに到着したのはジッダを出て十時間後だった。この日から翌年の三月十七日まで、カイロの家族と離れサウジでの取材生活となった。

私に付いて来てくれたスタッフは、エジプト人二人だ。一人は、カメラマンでイブラヒム・バトゥートゥ、もう一人は、助手のナーセルだ。ナーセルは途中でカイロに帰ったが、イブラヒムとは、翌年の三月の終戦まで一緒に過ごすことになった。

イブラヒムは、エジプト人というより、イタリアかギリシャ風の三十二歳の若者だ。私より十歳も若いカメラマンだ。英語とフランス語に堪能で、敬虔なイスラム教徒だ。祈りの時間には必ずメッカの方角に頭を垂れていた。

冗談も多い好感の持てる青年だが、半年も一緒にいるといろんなトラブルもあった。数年前のエジプト国内の騒乱デモの取材では、肩に銃弾を浴びたことのあるカメラマンだが、どんな事態に遭遇しても常に冷静で、このイブラヒムに何度も助けられた。

我々は、まずダーランの海辺にあるメリディアンホテルに宿泊することにした。豪華なホテルだが、他のホテルは、侵攻してきたイラク軍から逃れてきたクウェート人で、満室になっていた。

メリディアンホテルにも、クウェート人が多勢宿泊していた。しかし、彼らにあまり悲壮感はなく、何か観光旅行に来ているような感じだった。たぶん、クウェートの富裕層家族だろう、子どもたちもはしゃぎまわっていた。公共の場での躾《しつけ》もできていないのか、エレベーターの中でも大騒ぎし、壁に落書きをしていた。

国際報道ではイラク軍から逃れてきた気の毒なクウェート難民という伝えられ方だが、現実は違っていた。クウェートは、莫大なオイルマネーによって、クウェート一級国民は豊かで、多くの外国人労働者を雇い入れ、何不自由なく暮らしていた。派手な金の使い方から、アラブでは「クウェート人は、鼻つまみ者」と影口も囁かれていた。イラクのクウェート侵攻でも、同情するアラブ市民の声は、ほとんど聞かれなかった。

ホテルには、テレビ朝日、毎日新聞、読売新聞など、他の日本人記者も多勢投宿していた。最初は若干の取材合戦もあったが、情勢が膠着《こうちゃく》状態となり、東京からも取材要請が少なくなり、比較的のんびりした日が続いた。

酒もなく日本料理もなく、ただひたすら何かが起こるのを待つ日々が続いた。夕方は全員そろいダーランで一軒だけの中華料理店へよく出掛けたが、レストランも性別で部屋が分けられており、男臭い食事でしかなかった。酒の好きな記者は、禁酒の国サウジでの生活で音を上げてしまい帰ってしまった。

長い退屈なサウジ暮らしで、気晴らしでスーパーマーケットによく出掛けていたが、店内で見掛けるサウジ女性は、上から下まで黒ずくめで、手も黒い手袋で素肌を隠していた。大きな瞳も黒い網掛けネットで隠されていた。子ども用プールの売り場で、ポスターに描かれていた、幼児の女の子の肌まで黒く塗りつぶされていたのには驚いた。

サウジアラビアは、エジプトに比べ宗教的には相当厳しかった。毎日の祈りの時間には、宗教警察が見回りを開始し、店を開けていたら厳しく注意されていたほどだった。金曜日の公開処刑も実施されており、鞭打ち刑もあると聞かされていた。

ある時、知り合いになったサウジアラビアの男が、妻も娘も首都リヤドに疎開しているので、家に来ないかと言うので行ってみた。

大した高級役人でもない男の自宅は、まるで御殿のような造りだった。大きな玄関は、男性用、女性用の二つも造られていた。室内プールも男性用、女性用の二十五メートルプール二つが造られていた。

その男性が娘の部屋に入ったことがないので、一緒に行ってもらえないかと突然言うのである。娘の留守中、父親と言えども、一人でこっそり入って行くのも、何となく後ろめたいので、私を巻き込もうとしたのだろう。

父親も初めてという娘の部屋に入ってみると、なんと派手なこと派手なこと。白鳥の大きなベッドの周りに、百着近い原色のドレスが吊るされていたが、どのドレスも、赤やピンクの金ラメ入りで、派手な服ばかりが並べられていた。昼間、外では黒いベールの女性たちだが、ベールの下は、こんなにも派手な服装だったのかと驚いてしまった。

こっそり娘の部屋に入ってしまった父親は、教義に反する行為で厳罰ものだが、初めて見た娘の部屋に興奮を抑えきれない様子だった。


ダーランにも日本人が数人いた。その中の一人の日本人男性に出会ったことがある。坪井という貿易関係の仕事をしている男性だったが、アルコールを持っているので自宅に来ないかと誘われたことがある。

イブラヒムと行くと、地下シェルターのような小部屋に案内され、酒を出してくれた。酒といっても、メチルアルコールと何かを調合したようなものだったが、確かに若干酔いが回ってきた。しかし、翌日、英字新聞を読もうとしたら、眼がかすんでしまうので、結局アルコールは諦めてしまった。日本人記者だけでなく欧米の記者にとってもアルコール抜きの、長いサウジ滞在は耐え難いようだった。中には万年筆の中にウィスキーを流し込んで、こっそり持ち込もうとした記者がいたとの噂も流れていた。

一九九〇（平成二）年の暮れは、膠着《こうちゃく》状態で、イラク情勢にも、まったく変化が見られなかった。サウジ情報局は、ラクダ市場やクウェート市民の子どもサッカー大会など、どうでもいいネタばかり用意していた。

我々も、何かサウジからリポートしようと、砂漠列車や遊牧民ベドウィンの取材などで、時間を費やしていた。ホテルの前には青いペルシャ湾が広がっていて、浜辺ではアメリカ海兵隊の若い兵士や、避難してきたクウェート人家族らがくつろいでいた。

海を見ているうち、魚は釣れないのだろうかと、ふと思い付き試すことにした。ダーランや隣町のダンマンのマーケットで、釣り道具を探したがなかなか見つからなかった。聞くとサウジの国民は、ほとんど魚は食べないという。釣りをするのはバングラデシュやパキスタンから来た、出稼ぎ労働者だけだった。

あるパキスタン人に尋ねて、何とかお粗末な釣り道具を手に入れることができ、エサも食事の残り物を使って釣りらしいことをしてみた。驚いたことに、いわゆる入れ食い状態で魚が釣れる。おそらく誰も釣りなどしないから、魚も豊富なのだろう。

特にチヌとコチがよく釣れた。岸壁近くだがチヌは四十センチ近い大物で、コチも大きなものが何匹でも釣れた。コチは瀬戸内海で釣れるものとまったく同じ形で、日本の海辺にいるようだった。

私は獲物をホテルの部屋に持って帰り、内臓をきれいに出して、煮付けを作ってみた。醤油は持っていたので何とか食べられる味だった。小さな携帯鍋しか持ってなかったので、一匹ずつ煮ていくのだが、出来上がる度に、日本人記者を部屋へ呼びご馳走したら、全員涙を流さんばかりに喜んでいた。

サウジでは羊がメイン、牛肉があっても日本の牛肉とはぜんぜん違う味で、満足できるものではない。そんな食に乏しい生活の中、コチの煮付けである。満足するのは当然だったろう。

その後、場所を変えて何度か釣りをしたが、戦時下での釣りは不審に思われたのか、突然アメリカの戦闘ヘリのアパッチが低空飛行で接近してきたり、サウジの国境警備隊員に尋問されたり、大変な目に遭ってしまった。

イラク情勢が再び緊迫してくるのは、年が明けて国連がイラク制裁の論議を始めてからだった。一旦、カイロに帰任してもよかったが、一度出てしまうと再度サウジに入れるかどうかの保証はまったくない。我々は、何があっても滞在期限切れのビザで、湾岸戦争終結まで居座ることにした。助手のナーセルは費用のこともありカイロへ返して、イブラヒムカメラマンと私は、翌年二月の戦争終結まで共に過ごすことになった。

20

厳しく取材制限された日本人記者

20 厳しく取材制限された日本人記者

サウジアラビアの、ペルシャ湾に面した町、ダーランにはプレスセンターが設けられていた。アメリカ、イギリスからアラブ各国、アジアなど世界中のジャーナリストが集まっていた。おそらく千人近くの、メディア関係者がいたのではないかと思う。我々の日課は、このプレスセンターに行き、サウジ情報局が用意した暇ネタの中から、何か取材できるものがないか物色するのだが、ラクダ市場やベドウィン地区など、ほとんど紛争とは関係ない気の向かない取材ばかりだった。

興味を持って取材に行ったのは、迎撃ミサイルの、パトリオット基地と、空中給油機の取材だけだった。報道規制が非常に厳しく、なかなか前線近くには取材に行けない状態だった。もし、こっそり取材しようものなら、プレスカードを取り上げられ、即国外退去になってしまう。

そんな厳しい取材規制下だったが、それでも、私とイブラヒムは、あらゆるコネを駆使して、前線に近付いていった。

サウジアラビア情報局に、ジャシムという報道担当官がいた。大柄で人の良さそうな男だった。この男にエジプト人カメラマンのイブラヒムが、ずいぶん気に入られていた。

もともとアラブの国々でエジプト人は好まれる傾向にある。それは、音楽や映画が、全てエジプトで制作されており、サウジでもエジプトは文化の中心、憧れの地であったためである。

このジャシムの努力で我々は、イラク国境近くに前線基地を設けていた、フランス外人部隊の取材ができた。

東京からの連絡で、部隊の中に、日本人兵士が数名いると言う。日本政府は湾岸貢献議論で、金銭的な支援や車は送るが、兵士は送らないという方針だった。平和憲法下では当然の話だが、そんな中、日本人兵士が前線にいると言うのだから驚きだ。信じがたい話だが、我々はジャシムから移動許可書をせしめて、前線に向かった。もし取材できれば特ダネである。

サウジアラビア北部のハーフ・アル・バトンから、イラク軍が展開する前線までは約二十キロ、その中間点にフランス外人部隊が展開しているらしい。我々は人目につかない深夜、砂漠に車を走らせ、フランス部隊がいるらしい地点に到着した。そして明け方になって、フランス国旗を掲げたテントがある場所に辿《たど》りついた。

部隊は五百人ほどで、まず司令官に日本人がいるかどうか確かめた。世界各国から兵士を募集しているフランス外人部隊だが、中に日本人が二人いるとの情報を得た。

取材の許可をもらって日本人がいるテントに入った。十人ほどがいたテントには黒人が多かったが、その中に日本人らしい青年がいた。我々の取材に驚いているようだった。

その一人に名前を聞くと、

「藤井慎次」

と言う。

私は冗談交じりで、

「藤井といえば、まさか岡山じゃないでしょうね」

と尋ねると、

「西大寺です」

と答えが返ってきて、飛び上がるほどびっくりした。アラビアのこんな砂漠のど真ん中で、岡山市西大寺の青年に会えるとは、夢にも考えていなかった。

話を聞くと、日本の自衛隊に入ろうと思ったが、やはり実戦体験に挑みたかったという。それまでにエチオピア、ソマリアなど、主にアフリカの紛争地帯が任務地だったと話してくれたが、相当厳しい任務だったのか、そろそろ日本へ帰りたいという本音も感じられた。

もう一人は「タケ」としか名乗らず、口数の極端に少ない若者だった。日本で何か特別な事情があって、仕方なく外人部隊に入隊したという感じだ。

取材したフランス外人部隊は、一九九一(平成三)年一月十七日の開戦で、イラクに進攻したのだろうが、その後、この二人の日本人兵士がどうなったかは、分からずじまいのままだ。

我々が、もう一か所前線近くまで行けた場所がある。日本のアラビア石油の採油所のある国境の町カフジだ。他の日本人クルーには秘密で、何度か通っていた。もし、サウジ情報局に知られたら、国外退去ということになるのだが、無視して何度か通った。

イラク軍が陣取るクウェートまでは、わずか五キロの地点である。そのカフジの製油所には、日本人七十人ほどが勤務していた。当時アラビア石油の社長は岡山大学の一期生で、田中角栄首相の元秘書官だった小長啓一氏だった。小長社長は何度か現地を訪れていた。ダーランのレストランで一度挨拶させてもらったが、最近になって、岡山市内で何度か話を聞かせていただいた。

サウジ政府との交渉は、予想以上に大変だったとの苦労話を聞かせてくれた。

当時、日本政府からは、避難指示が出ていたが、アラビア石油には避難できない理由があった。それは、二〇〇〇(平成十二)年で期限切れとなる石油採掘権の問題だった。日本が採掘権を持っている唯一の製油所であるアラビア石油カフジ製油所の権益を失えば、日量二百七十万バレルと少ない生産量だが、それでも日本経済に与えるダメージは大きい。二〇〇〇年以降も、採掘権を継続するというのは、日本政府にとって重要課題でもあった。

そんなデリケートな時期だけに、日本人従業員が、カフジから急いで逃げ出せば、サウジ政府の心象を悪くするだけだったのだ。ギリギリまで頑張って、権益継続交渉を有利に運びたいというのが、アラビア石油の考えだった。

パキスタン人や、フィリピン人など、他の国からの外国人労働者も多くいたが、開戦が近いということで、一九九一(平成三)年に年が明けたころには、ほとんど逃げ出していた。我々が、カフジ製油所に行った時も残っていたのは、日本人従業員だけだった。

製油所にある診療所の日本人医師中馬穣氏から、緊急避難マニュアルを見せてもらった。それによると、イラク側からの攻撃が開始されたら、船で海から逃げるマニュアルと、車で陸路を逃げるマニュアルが詳細に作成されていた。

その医師の話では、従業員の中には、いつ攻撃があるかもしれないと、不眠症になりノイローゼ気味の従業員もいるということだった。

一九九一(平成三)年は、正月明けから、国連でイラク攻撃の是非が議論されていた。制裁決議が成立すれば、開戦は間違いない。その制裁決議の期限は、一月十五日だった。

イラクのアジズ外相は、イラクのクウェート侵攻の正当性や、撤退条件を繰り返し主張していた。しかし、欧米各国からは、イラク制裁攻撃はやむなしの声が日々高まっていた。

我々は、カフジ・ビーチ・ホテルに投宿し、じっと成り行きを見守っていた。このホテルは、国境とカフジ製油所の、ちょうど真ん中あたりに位置する海沿いのホテルだった。ホテルには我々とCBSのカメラマン、デービット・グリーンと助手も泊まっていた。

デービッドは、ベトナム戦争もオークランド紛争も取材した、イギリス人の戦場カメラマンだった。我々は緊張気味だったが、デービッドは戦場取材には慣れていたのだろう、落ち着いたものだ。浜辺で毎日、日光浴をしながら、どこで仕入れたのかビールまで楽しんでいた。

日本人記者への厳しい取材規制が続く中、我々はサウジ国内で許可の出る取材は何でも取り組んだ。いわゆる「暇ネタ」である。開戦までに実に十数本のリポートを東京に送った。使われたかどうかは分からないが、何もしないで開戦をただ待つより、普段は取材の機会のないサウジアラビアの国内をつぶさに見てみたいということでもあった。

その中で最も驚いたのは、砂漠の中の「円形農場」だった。サウジアラビアの国旗は緑一色だが、国土に緑はなく、砂漠の大地でしかない。国民の緑への憧れが国旗の色になっていた。

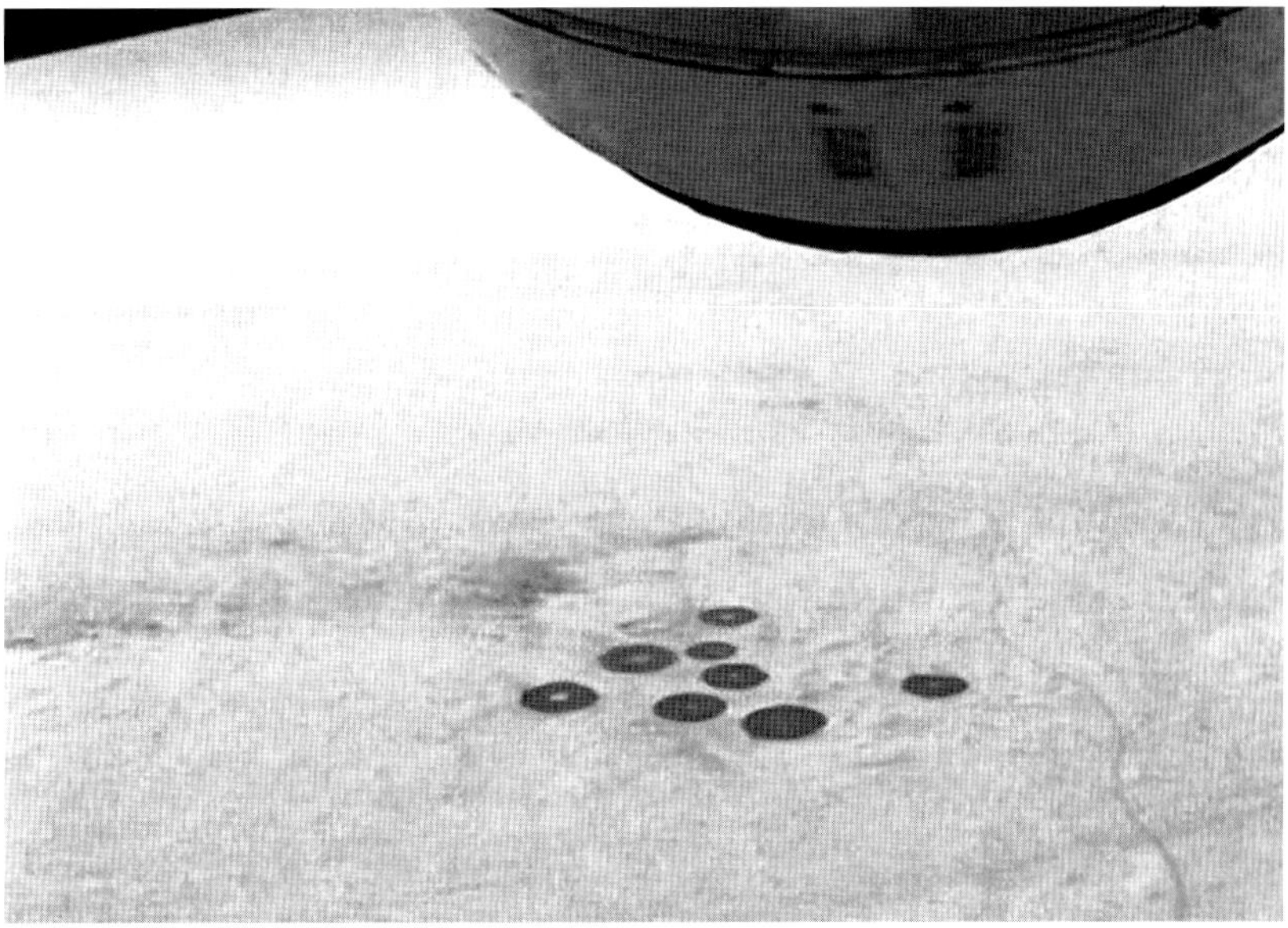

円形農場

南回りの飛行機に搭乗すると、サウジアラビアの上空を飛行する。赤茶けた広大な砂漠が続くが、眼下に広大な円形がいくつも目に入ってくる。機内アナウンスもないので、誰も一体何の巨大な円形か分からない。一度トルコ航空のキャビンアテンダントに聞いてみたが、つれない返事だった。一度確かめたいと思っていたため取材先に選んだ。

直径一キロはあろうかという巨大サークルだが、円形農場ということが分かり、取材に出掛けた。サウジの首都リャドからさらに三百キロ離れた砂漠の中に円形農場は点在していた。表面は一滴の水もない砂漠地帯だが、地下四百メートルには熱湯が豊富にあり、それを汲み上げて数日間冷まし、不純鉱物を取り除き、その水を長さ五百メートルのホースで散水していた。回転式の散水機は一日二十四時間で一周する仕掛けになっていた。

一日一度だけの散水だが、亜熱帯の日差しを受けて作物は順調に成長していた。私が取材した時点で、サウジ国内で消費する小麦粉の大半は円形農場で生産されたものだった。巨額のオイルマネーが、砂漠の国に生み出した産業の一つであった。

21 湾岸戦争の開戦を知ったのは岡山からの電話

解放クウェートからの初リポー

21

湾岸戦争の開戦を知ったのは岡山からの電話

一九九一（平成三）年一月十六日深夜、私は、サウジアラビア最北端、クウェート国境まで五キロの「カフジ・ビーチホテル」の一室にいた。部屋にはダーランで雇ったパキスタン人ドライバーがいた。

カメラマンのイブラヒムは、米軍基地攻撃の可能性が高まっていたので、ダーランに残してきた。ペルシャ湾も穏やかで、不気味なほど静かな夜だった。

国連は前の日、クウェートに侵攻したイラクに対し制裁を決議した。十六日にも多国籍軍の、イラク攻撃があるのではないかと、国境の町カフジでは緊張が続いていた。

部屋は海岸から三十メートルほどしか離れておらず、波の音がよく聞こえる。私はドライバーに、車を部屋の前の砂浜まで移動するように指示した。また靴を履いたままベッドに横になるようにアドバイスもした。二人ともジャンパーのまま、それぞれのベッドに横になった。

ドライバーはあまり英語を喋らないので、二人とも押し黙ったまま、聞き耳を立てていた。この時点で、危険を感知できるのは音のキャッチしかない。もしイラク軍の迫撃砲の音がすれば、即座に行動をすると決めていた。

一月十七日、午前二時ごろ、突然携帯電話の着信ベルが鳴った。不吉な予感がした。電話は、なんと岡山の山陽放送のラジオのスタジオからだった。

「バグダッドが空爆された。戦争開始だ！」

と、スタジオにいた河田兼良ディレクターからの第一報だった。

その電話がなければ、カフジには開戦情報は伝わらず、危険なことになっていたかもしれない。

私は電話を切って即座に、パキスタン人ドライバーに指示を出した。

機材を車に積み込むよう指示し、隣の部屋に宿泊していたＣＢＳのデービッドの部屋のドアを激しく叩いた。そして、大声で開戦を伝えた。

暗くてデービッドの表情は確認できなかったが、

「本当か！」

と叫ぶ声だけ聞こえた。

その返事を確認するやいなや、私たちは、アラビア石油のカフジ製油所に向かった。十分ほどでゲートの前に到着したが、変わった動きはなく静まり返っていた。私は診療所に向かい、中馬医師の部屋のドアを叩いたが返事はなかった。

戦争開始となると、五キロ先にいるイラク軍が、攻撃してくる可能性が高い、いつまでも国境付近にいるわけにはいかない。我々は仕方なく、サウジ中央部のダーランへ逃げることにした。カフジの出口付近に差し掛かると、サウジの兵士が車を停め、銃を向けながら何処へ行くのだと尋ねてきた。今にも発砲しそうな緊張した表情だ。私がプレスカードを見せながら、ジャーナリストであることを説明すると、五分ぐらいで解放された。

再び車を走らせようとすると、砲撃の音がかすかに遠くから聞こえた。イラク軍の攻撃が始まったらしい。

私はドライバーに指示して、ダーランに向け車を走らせた。

そのころになると、カフジに残っていた住民の多くがカフジを脱出しようとしていた。どの車も猛スピードで、車道をはみ出し砂漠を疾走していた車も見えた。

三十分ほど走って、東京と連絡を取るため車を停めた。外はまだ暗い、真冬のきれいな星空だったが、よく見ると、赤い点が三つほど確認できた。東の方向に飛んでいる。スカッドミサイルかもしれない。

開戦前、イラク軍はスカッドミサイルに、マスタードガスを装填するかもしれないとの憶測も流れていた。もしかするとアメリカ空軍基地のあるダーランに向かっているのかもしれない。私は、イブラヒムに電話をかけ、スカッドがそちらへ飛んでいると注意した。まだダーランへは着弾していないようだった。

後で分かったことだが、ミサイルはダーランの西にある工業都市ジュバイルの町外れに二発着

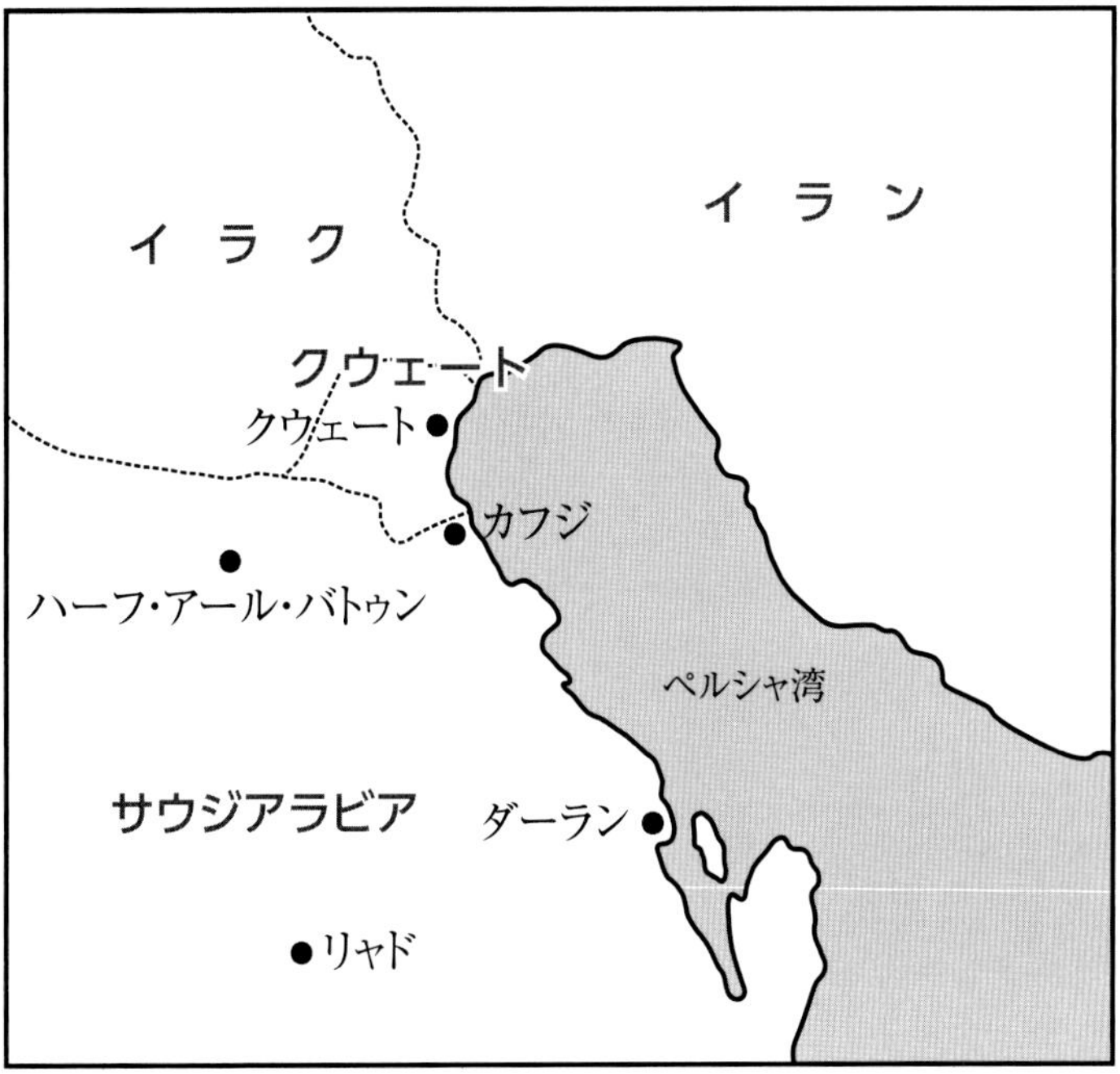
イ ラ ン
イ ラ ク
クウェート
クウェート
カフジ
ハーフ・アール・バトゥン
ペルシャ湾
サウジアラビア
ダーラン
リヤド
中東地図

弾したと伝えられていた。

私は、車で移動しながら、電話でＴＢＳにリポートを送り続けた。アナウンサーの声がよく聞き取れなかったので一方的に喋り続けた。携帯電話のお陰で、砂漠の真ん中でも、車を走らせながら実況できたのだ。

そのころ、ＣＢＳのデービッドカメラマンは、カフジを脱出しないで、ホテル前の砂浜からイラク軍の攻撃を撮影していた。カフジ製油所が迫撃砲の攻撃を受け燃え上がっていた。

後でデービッドの映像を見せてもらったが、彼はまるでスポーツゲームでも撮影するように、次々と命中する様を見事に撮影していた。

しかし、恐怖感もあったのだろう、カメラを押さえた手が震えるような、カチカチカチという音がビデオに記録されていた。

彼は、イラク軍が攻め込んで来ても撮り続けるんだと、覚悟を決めて砂浜でカメラを構えていた。ベトナム戦争、フォークランド紛争を体験した、ベテラン戦場カメラマンらしい取材ぶりだった。

私は、脱出の車を走らせながら、イブラヒムに、ダーランの手前のダンマンＴＶ局から、東京に生中継したいと伝えた。ダンマンＴＶ局は小さな放送局で、それまで一度だけ素材送りしたことはあるが、生中継ができるとは思わなかった。

スタジオはあるのだろうか。中継となると、東京の音の返りがあるのだろうか。いろんな不安があったが、イブラヒムは工具を持ち出して、携帯録音機をばらし、イヤホンから東京の音が聞こえるようにセットアップしていた。臨機応変のエジプト人らしい知恵が発揮された。

カフジ脱出直後の私の顔は、髭が伸び放題の上、スタジオの照明も十分でないため、疲れた表情に映ったようだった。生死を分けるほど、危険な脱出でもなかったのだが、東京で見ていると砲弾の下でもくぐって逃げてきたように見えたのだろう。ＴＢＳ報道の大部屋で、泣きそうになりながら、私の生リポートを見ていたデスクもいたと、後になって聞かされた。

その中継が終わってホテルに帰り、髭も剃ってこざっぱりした感じで次のリポートをした時は普通の感じだったため、東京からの反応は少々冷めた感じだった。テレビとは本当に面白いものだと思った。

リポートが終わったころ、空襲警報がダーランの町に鳴り響いた。東京からは緊急連絡が入り、スカッドミサイルがダーラン方向へ飛んでいるので逃げてくださいと言う。何で東京からそんな緊急連絡が入るのか、訳が分からないまま、イブラヒムと私は、郊外へ車を飛ばした。

十キロほど離れて車の外に出ると、いまだかつて聞いたこともないような大音響が耳に入ってきた。二人とも思わずしゃがみ込んでしまうほどの、衝撃的な爆発音だった。

後で分かったことだが、パトリオットミサイルが、スカッドに命中した衝撃音であった。音速に近いミサイルと、パトリオットミサイルが激突する音だった。

その後もダーランには毎日のように空襲警報が鳴り響いた。警報が鳴るたびに我々は、ホテルの地下室に避難しなければならなかった。しかし、その警報にも次第に慣れていき、しばらくすると、警報が鳴っても誰も避難しなくなってしまった。

ペルシャ湾岸カフジで

22 油まみれの海鳥の衝撃

22
油まみれの海鳥の衝撃

一月十七日の戦争開始から十日ほど経って、こっそりカフジに行ってみようという計画をイブラヒムと相談した。戦争が始まっても、イラク軍はサウジ領内に入っては来なかった。戦線を拡大したくなかったのだろう。一度は侵攻してきたが、すぐクウェート領内に引き返していた。

戦争が始まったとはいえ、多国籍軍側は空爆の続行だけで、戦死者が出る可能性が高い地上戦には踏み切っていなかった。バクダッドやバスラなど、イラク主要都市への空爆は、毎日のように繰り返されていた。ある程度イラク軍の基地を叩いておいて、地上戦に踏み切る作戦のようだ。

国境の町カフジに行っても、安全なのではないかというのが、イブラヒムと私の見解だった。東京を説得し、我々は久しぶりにカフジを目指した。

ダーランとカフジの間は約三百キロ、四時間はかかる距離である。道は傷んでなく以前と同じだったが、かなりの数のアメリカ軍の戦車や装甲車が、クウェート方向に移動しいていた。地上戦への備えなのだろう。

昼前にダーランを出発した我々は、夕方になってやっとカフジに到着した。もう薄暗くなり始めていた。カフジ・ビーチ・ホテルには、イラク軍の砲弾が打ち込まれ破壊されていた。誰もいないようだ。開戦の日、急いで脱出したのだが、当然宿泊料は支払ってはいない。もし、誰かホテル関係者がいたら、支払わなければとも考えていたが、誰もいなかった。カフジの町そのものに、もう誰もいなかった。カフジは廃墟になっていた。

しばらくして、ホテルの前の海岸に出ると、油のような臭いがした。少し歩くと、海が重油まみれになっていた。重油タンクが被弾して、重油が流れ出

重油で汚染された海岸の撮影で

したのだろうか、相当の量である。海から波が消えていた。

突然、イブラヒムが波止場に黒い鳥を見つけた。油まみれの海鳥だった。よく見ると、身体を小刻みに震わせている。体温を冷たい油に奪われているのだろう。足の先から頭まで重油まみれになって、飛ぶこともできない様子だった。

私は、その鳥の前でリポートを撮った。撮影していたイブラヒムは、よく見ると泣いていた。確かに戦争は弱いものから犠牲にしていくのだが、瀕死の海鳥が、それを訴えているようにも見えた。

その後、油はイラク軍が大量の石油タンクを破壊したためと分かったが、ペルシャ湾の西岸は、かなりの長さで重油に汚染されていた。

この油まみれの海鳥の映像は、我々とCNNクルーだけが撮影したものだったが、湾岸戦争の悲劇を象徴するものとして、何度も世界に発信された。

撮影を終え、映像を東京へ送るため我々は大急ぎでダーランを目指した。もう夜になっていた。砂漠道路は、街路灯もなく、ヘッドライトの灯り以外、何もない漆黒である。まるで闇夜を飛んでいるようでもあった。

二時間ほど走って、運転していたイブラヒムが激しくブレーキをかけた。車は百キロ以上のスピードを出していたため、スピンしながら前へ進んだ。ドスン、ドスンと大きな衝突音を響かせていた。検問のため道路に置かれていたドラム缶をいくつも飛ばしていた。

二百メートルほど走って、車はやっと停まった。イブラヒムは額を切っていた。私も首が痛い。どうもドラム缶を並べた検問所らしかった。停車すると、銃を持ったサウジ兵が大勢駆け寄ってきた。大声で下りろと言う。レンジローバーの強靭なボディーは壊れ、タイヤも破裂していた。我々は両手を上げたまま、管理棟に連行され厳しい尋問を受けた。

プレスカードを示しながら、日本のＴＶ局の取材だと説明したが、なかなか分かってもらえず、三時間近く拘留されてしまった。車は廃車状態で、帰りの車を手配してダーランへ帰りついたのは、翌日の昼頃になってしまった。

それから東京へ油まみれの海鳥の映像を送ったが。すでにＣＮＮが世界へ配信した後だった。あの検問さえなければ、あの衝撃的な映像を、一番に世界に配信できたのにと、悔しい思いをした。おまけに事故を起こしたため、無断で前線に出掛けたことがサウジ情報局にばれてしまい。一週間以内に国外退去という厳しい処分が言い渡された。

この処分は、ＴＢＳから交代要員が来たらすぐ出るとか、サウジでの支払いが終わっていないので送金を受け取れば出て行くなど、いろいろ言い訳を並べて、何とか切り抜けたが、もう一度無断でダーランを離れれば、即刻国外退去になることは間違いなかった。

再び、ダーランでの待機状態が続いた。毎朝プレスセンターに出掛け、ある程度の情報を把握し、東京からの情報と擦り合わせ、昼前に日本の夕方用のスタンディングリポートを衛星送りする。

また惰性のような現地リポートが始まった。

夕方になると命中もしないスカッドミサイルがイラクから飛来していた。大きな音量の空襲警報が鳴らされるのだが、徐々に緊張感が感じられなくなっていった。

次の狙いはクウェート突入だ。その他の取材には何の興味も湧かなかった。カメラマンのイブラヒムと毎晩、アラビア半島の地図を広げて作戦を練った。国境線のどこからクウェートを目指せば安全に突入できるか。どんな車を使用するのか。車には軍用車らしい偽装をすべきで、ペンキも用意しなければならなかった。

我々も、アメリカ海兵隊員のような軍服を用意しなければならない。まるで大学の文化祭前に、変装の工夫をしているような感じだった。一見、楽しそうではあるが、国境突破に失敗すれば、国外退去処分になってしまう。国境を跨げてもイラク軍の敗残兵に遭遇すれば、アメリカ軍と勘違いされ、一斉攻撃されてしまう可能性もあった。他の日本人クルーに感づかれないように、二人だけの時に慎重に作戦を練った。

日本をはじめ、世界の関心事は、占領下のクウェートで何が起きていたのかということだった。占領下のクウェート国内に、日本人は一人もいないという発表だが、本当にそうなのだろうか。クウェート市内に入って確かめるしかなかった。

23

最期の手紙まで書いた
クウェート突入

23

最期の手紙まで書いた

クウェート突入

開戦から一か月ほど経った二月下旬、地上戦が開始された。

多国籍軍が一気にイラク領内に進撃した。地上戦が開始されれば、一週間で戦争終結ではないかとみられていたので、イブラヒムと私は、いよいよ突入の時が来たと覚悟を決めた。

国境付近で戦闘は続いているかもしれないが、終結してしまってからでは遅れを取る、世界で一番目に解放クウェートを伝えるためには、一時間でも早くダーランを出発した方がいいとの結論に達した。何か不測の事態に遭遇しても、犠牲は少ない方がいいということで、私とイブラヒムの二人きりで行くことにした。二月二十六日、大袈裟かもしれないが、イブラヒムも私も遺書のような家族へのラストメッセージを書いて助手に預けた。

車はカーキ色のトヨタ・ランドクルーザーだ。濃い緑のスプレーを使って、車を迷彩色カラーで包んだ。多国籍軍のマーク「逆V」も書き込んだ。イブラヒムも私も、アメリカ軍兵士のように偽装した服を用意した。

軍用ヘルメットは、カフジの戦場のイラク軍兵士の死体の横にあったものだ。迷彩色のティーシャツを破って、米軍用ヘルメットに仕上げた。アラビア語の書き込まれたそのヘルメットは今も大切に保管している。戦死したイラク兵供養の気持ちでもある。検問所でじっくり見られると不自然さが露呈してしまうが、検問所であまりスピードを落とさず通過できれば、すり抜けていけると踏んだ。

ダーランからイラク国境までは四百キロある。途中におそらく十か所くらいのサウジ兵が監視する検問所があるはずである。その全ての検問を突破しなければ、クウェートに到達できない。一か所でも検問で停められれば、日本人記者であることがばれてしまい、拘束されるに違いない。カーキ色のジャンパーの胸には、小さな星条旗のワッペンも付けていた。この胸の星条旗は、後にある週刊誌で批判されたが、そうでもしなければ検問突破は難しく仕方ないことだった。

検問所では私が運転し、イブラヒムが身体を乗り出して、早口の英語でまくし立てた。検問所のサウジ兵に早口の英語など分かる兵士はいなかった。イブラヒムの流暢な大声の英語で、全ての検問所をクリアできた。

朝七時前にダーランを密かに出発して、国境近くまで辿り着くまで、十時間近くもかかっていた。緊張のため疲れは感じていなかったが、国境線を越えてどんな危険が待っているか分からなかった。

国境の手前にハーフ・アル・バトゥンという小さな町がある。その町の小さなホテルで、一時間ほど休息して、クウェート領内に、どう突入するか冷静に作戦を練った。

私はTBS外信部の岡元デスクに電話を入れた。クウェートに突入すると、東京との連絡がまったく取れなくなる。最後の指示を仰ぐための電話だった。

私は戦争が終結に近いので、「何としても、国境を跨ぎたい」と訴えた。岡元デスクは、最初、危険すぎるということで、難色を示したが、私の高まる気持ちを汲んでくれた。その代わり、一つだけ約束してほしいと言う。

「黒煙が見えたら、引き返して欲しい」

と言われた。

黒煙……、つまり戦闘が続いていれば、引き返してほしいということだった。

私は了解した。

電話を終えると、イブラヒムが慌てて話し掛けてきた。スカッドミサイルがダーランの米軍キャンプに着弾し、二十人以上のアメリカ兵が即死との情報であった。あまり正確に飛来しなかったスカッドミサイルだったが、イラク側も微妙な修正を加えながら、ミサイルを米軍宿舎に命中させたのだろう。おそらく、ダーランでは大騒ぎになっているはずである。他局の日本人記者も、リポートを送り続けているに違いない。

ダーランまで一旦引き返すという判断もあったが、私はクウェート突入を決心した。確かにダーランに引き返せば、米軍被弾の大騒ぎはリポートできるだろうが、もう事態は戦争終結間近と踏んで、解放直後のクウェート市内に突っ込んだ方が得策と読んだ。

東京の外信部にも、ダーランへは引き返さないと伝え、いよいよ国境を越えることになった。二時間ほどして、国境の検問所らしき建物に辿り着いた。建物の壁には、夥《おびただ》しい弾痕が残っていた。クラスター爆弾の一部らしい破片も落ちていた。まだ破烈してないものも落ちていた。拾い上げれば破裂して手の平くらいは簡単に飛ばしてしまう。

ある日本人記者が、記念にクラスター爆弾の破片を日本に持ち帰ろうとして、アンマンの税関で暴発、ヨルダン人一人が亡くなるという事故もあった。

クウェートに向かう道路にも、大きな砲弾による穴が空いていたが、我々は穴を避けながら前へ進んだ。おそらくアメリカ軍の戦闘機A10が急降下しながら、道路を進むイラク軍の戦車を狙ったものだろう。道路際には戦車が何両も横倒しになっていた。

さらに車を進めると、道路が完全に寸断されているところで立ち往生してしまった。砲弾によるものでなく、イラク軍が意図的に掘り下げたものだった。仕方ないので道路を外れ砂漠の中を進んで行くと、激しい砂嵐が吹いてきた。春の砂嵐「ハムシーン」である。車から降りると、飛んできた砂が、顔に当たり痛みを覚えるほどだった。

砂漠の中をしばらく走ると、鉄条網に囲まれてしまった。鉄条網と鉄条網の間をゆっくり進ん

でいると、イブラヒムが
「マインフィールド！ 地雷畑だ！」

と、大声を上げた。

地雷原の中に入り込んでしまっていたのだ。

ふきのとうのような対人地雷と、皿の形をした対戦車地雷が、交互に並んでいる。激しい砂嵐で地表に地雷の先頭部分を現していた。周囲を見渡すと数百個もの地雷が整然と、野菜畑のように埋められていた。

これ以上前に進めない場所まで来ると、前方に機関銃の銃座が残されていた。おそらくイラク軍が仕掛けた罠だったに違いない。地雷を避けながら進むと、機関銃の前面に来てしまう。

イラク軍は、クウェート侵攻から半年間の間に、クウェート領内にさまざまな罠を仕掛けていた。砂漠に深い溝を掘って重油を流し込んでいる罠も見られた。戦車が溝に落ちたところで火を放つ罠だ。またパイプを何本も並べて戦車のキャタピラが空回りして、立ち往生させるという罠も作られていた。

イラク軍は、化学兵器を使用するのではないかとか、スカッドミサイルにマスタードガスを搭載するのではないかと恐れられていたが、実態は、まるで千年も昔の戦国時代の竹やり戦術のような防御の罠だった。

さまざまな砂漠の仕掛けを見せられたとき、世界は、フセインの軍事力を過大評価していたのではないかとも思った。それともアメリカの情報操作で、フセイン大統領をモンスターにしていたのかもしれない。アメリカは戦争開始のためには、さまざまな情報操作をする国だ。第二次イラク戦争でも、フセインが大量破壊兵器を大量に隠し持っているとのアメリカにとって好都合な情報が戦争開始を後押しした。

地雷原を抜け、再び道路を進んで行くと、多国籍軍の長い隊列に追い付いた。エジプト軍やシリア軍サウジ軍など、アラブ合同軍の大隊で、隊列の長さは十キロ近く続いていた。我々は装甲車や戦車を抜きながら前へ進んだ。川も池もない広大な砂漠の中なので、いくらでも隊列を追い越せた。合同軍の誰も我々を止めようとするものはいなかった。

一時間ほど追い抜いていくと、先頭車列に追い付いてしまった。その直後、激しい銃撃音が響き渡った。装甲車が円形の陣形を作り始めた。イラク軍の敗残兵の逆襲だ。アラブ合同軍も応戦しているが、イラク軍の銃撃は激しくなるばかりだ。

夜になっても銃撃戦は続いた。変な話だが、夜の銃撃戦はなかなか見応えがある。まるで花火のような感じで、熱くなった弾が飛んでるのがよく分かる。その時点では恐怖で感じないが、後で思い返すと、美しい夜景だったなってことになる。

不謹慎だが夜の高射砲は、もっときれいに流れ星のように流れていく。近くにいるととんでもない速さなのだろうが、離れて見るとまるで夏の夜の花火のような感じだ。ただ音は凄まじいものだった。

銃撃戦が治まったのは、明け方近くになってからだった。そのころ、デービッドらＣＢＳクルーはクウェートリポートをすでに伝えていた。もし銃撃戦に遭遇しなければ、我々もＣＢＳと同時くらいにクウェート入りできていたかもしれない。

デービッドがダーランを出発する場面に遭遇したが、彼らは完璧にアメリカ軍を偽装していた。トラックに、衛星中継のパラボラアンテナなど、全ての機材を積んで出発していた。海兵隊員の軍服も調達していた。彼らはアメリカ軍とほぼ同時に、直線的にクウェートに突入したと考えられる。仕方ないことだが、我々はずいぶん南へ遠回りしたことになる。アメリカ軍と同行できるコネもネットワークも持ち合わせていなかった。

世界で一番に解放クウェートをリポートするんだという夢は破れたが、日本人記者として日本語のリポートを一番に伝える意気込みは消えていなかった。

クウェート国境を越えたリポートは、すでにハーフ・アル・バトゥンからタクシーをチャーターして、ダーランに送り届けている。後はいよいよクウェート市内からのリポートだ。我々はすでにクウェート市内から五キロの地点まで入っていた。

私は、解放を喜び合うクウェート市民をリポートしながら、廃墟となった中心部へ入って行った。アラブ合同軍は祝砲を鳴らし続け、沿道のクウェート市民はクウェート国旗を振りながら喜び合っていた。

イラク軍が火を付けた油田の煙で空は真っ黒で、朝なのに夕方のような暗さだった。我々は、日本へ生中継するために、CBSクルーの中継ポイントを探したが、なかなか見つからなかった。市民の祝砲や、車のクラクションでクウェート市内は大混乱していた。いくら探しても、デービッド達は見つからない。このまま時間だけが過ぎてしまえば、せっかく身体を張って取材した映像が、二番煎じになってしまう。

イブラヒムと私は、急いでダーランまで車を飛ばすことにした。距離にして五百キロ、東京から大阪くらいである、飛ばせば五時間。夕方のニュースに間に合うかもしれない。現地時間は午前七時、日本の正午、夕方ニュースまでは六時間ある。我々は賭けにでた。

決断するとすぐ車に飛び乗り南のダーランを目指して突っ走った。その時点で、もはや検問も何もなかった。クウェート方向への道は混んでいたが百キロ近いスピードで走ることができた。


ダーランに到着したのは現地時間で正午、日本時間の午後六時前、ギリギリ間に合った。当時の「ニュースの森」の冒頭部分には間に合わなかったが、何とか放送することができた。一睡もしていなかったので、イブラヒムも私も、ホテルに着くやいなや倒れ込んでしまっていた。

二時間ほど仮眠したかと思うと東京からの電話が入った。もう一度クウェートに入ってくれないかとのことだった。クウェートからの生中継がほしいと言うのである。顔出しのナマ中継が要るのは当然のことではある。私は了解すると、死んだように眠っていたイブラヒムをたたき起こして、もう一度クウェートを目指した。

ダーランまでは猛スピードで帰れたが、クウェートへの道は、混み合っているに違いない。軍もマスコミも一斉にクウェートを目指していた。でも二十時間も走れば、中継ポイントに到着できるだろうと思いながら、車を走らせた。

移動中も、東京に音声リポートを何度も送り録音してもらった。どんな構成になるか分からないが、自分自身で見たこと、感じたことを、何度も何度も電話で送りながら、クウェートを目指した。二十時間もあれば十分間に合うと思っていたが、思わぬところで検問があったり、戦車の残骸で通行できなかったり、車のタイヤが二度もパンクしたり、思ったほどスムースにクウェートに近付けなかった。

結局、ＣＢＳの中継ポイントに到着するまでに、二十六時間もかかっていた。「ニュース23」の本番直前だった。それでも間に合った。もう髪はボサボサの、汗まみれの状態でカメラの前に立った。久しぶりの、筑紫さんの爽やかな声がイヤホンから聞こえてきた。

「原さん。聞こえますか。大丈夫ですか。相当疲れてるんじゃないですか」

「そんなに疲れているように見えますか」

「見えます。見えます。だって原さんは、ダーラン・クウェートの五百キロを、二往復もしているんですよ」

などなど、筑紫さんと私のやり取りが五分以上続いた。

後で録画ビデオでじっくり私の顔を見ると、ハエが何匹か目の周りを飛び回っていた。相当臭かったのかもしれない。

これで他局を完全に抜いた。満足感と共に一気に疲れが出てきた。しかし、クウェート市内に、まともなホテルはない。我々は電気も水もないホテルで二、三日を過ごさなければならなかった。


クウェート市内で、一番嬉しかったのは取材の自由だった。前の年の九月からクウェート突入までは、厳しい取材規制の中での取材だった。特に、多国籍軍への金や車の支援はしていたが、派兵していない日本からの記者には厳しい取材規制が実施された。平和憲法下で、派兵はどんなかたちであれ認められないのだが、戦時下の国際社会は、日本の決断を認めなかった。その影響で、日本人記者たちの取材活動は厳しくチェックされていた。要は、我々の取材情報がイラク側に流れることを恐れていたのだ。

ある日、アメリカ軍の車に乗る機会があった。車内には、おびただしい送信済みテレックスが残されていた。それは、現地での各国のリポート内容の報告リポートだった。それを見つけた時イブラヒムと私は、報道管制の厳しさを目の当たりにした。戦争は情報戦であるとも言える。戦争終結とクウェート解放は、日本人記者にとって取材規制が解かれる時でもあった。私とイブラヒムは、一日中クウェート市内を駆け回り、自由に本当に思い付くまま取材を続けた。もう眠る時間がもったいないという感じだった。

24
不眠不休の解放クウェート・リポート

クウェート市内に隠れていた日本人と

不眠不休の解放クウェート・リポート

24

解放クウェートには、約一週間滞在した。その時点でクウェートにいたJNNのリポーターは私だけで、全ての番組の要望に応えなければならなかった。「報道特集」「ニュースの森」「ニュース23」、さらにラジオもいくつか入ってくる。何が何だか分からないまま、撮れたリポートを片っ端から東京へ送り続けた。多分入社以来、もっとも多い仕事量だった気がする。

宿泊していたのは、廃墟となっていたホテルの一室だった。電気もなければ水道もない、夜は真っ暗闇の部屋での生活だった。ずっと風呂にも入れず、食べるものも何もない状態である。覚えている食べ物といえば、なぜか腐りかけのリンゴがあった。リンゴは、それほど好きでもなかったが、その時以来好物になってしまった。

風呂やシャワーには、まったくありつけなかったが、あるときクウェート人の家に上がり込んで、洗面器一杯の水をもらった。その一杯の水で顔を洗い、髭も剃り、身体も洗ったが、たった洗面器一杯の水で、十分足りるんだと妙に感心させられた切ない思い出である。

イラク軍は、半年間の占領中、非人道的な行為に及んでいたらしい。一度、死体安置所で、拷問死の遺体を取材したが、顔面は焼けただれ、指はもぎ取られていた。CNNの女性カメラマンは、顔を真っ赤にして撮影していたが、我々は死臭のひどさで数秒で部屋を飛び出してしまった。

クウェートからイラク国境に向けてのハイウエー周辺は、イラク軍の戦車やトラックの残骸が数キロつながっていた。その後「死のハイウエー」と呼ばれたが、戦車への攻撃には劣化ウラン弾が使用されたと伝えられていた。我々も死のハイウエーを数時間取材したので、微量の放射能を浴びていたかもしれない。

横倒しになったトラックには、クウェートで略奪した品物が散乱していた。女性のドレスや、家具、それに子どもの絵本……イラク兵の貧しき略奪が感じられた。

外務省は、クウェートには日本人は一人もいないと何度も発表していたが、事実は全く違っていた。十人近くの日本人が、イラク占領中もクウェート市内に隠れ住んでいた。クウェート人と結婚した日本人女性や、クウェート商社で働く日本人男性など、子どもも含めると十人近くいた。

彼らの存在を知った私は、ナマ中継の際、全員の無事を紹介するつもりで、ホテル屋上の中継ポイントまで来てもらった。ところがTBSのスタジオ担当者が、十人は多すぎるのでコンパクトに代表的な人物二人くらいにしてほしいと言ってきた。私は大声で、その担当者を怒鳴った。彼らは日本の家族と連絡が取れないまま、半年間もクウェートに潜んでいたのだ。安否を心配している家族のためにも、全員の顔を中継させてほしいと主張した。もしそれが無理なら中継はやめてしまうとまで言い切った。

私も相当疲れていたのだろう。その担当者を罵倒してしまった。結局、十人全員の顔と名前は伝えることができたが、今でもあれでよかったと思っている。

中継の時には、いつも感じていたことだが、こちらと東京のスタジオの温度差が大きく、腹立たしいことが度々あった。現地の様子が分からないコーディネーション担当とは、大ゲンカになったこともあった。遠く離れた安全な東京には、なかなかこちらの気持は伝わりにくかった。

モガデシオの庭先で

25

100ドルで雇ったソマリア兵5人

25
100ドルで雇ったソマリア兵5人

一九九二(平成四)年十二月、「アフリカの角」と呼ばれる国、ソマリアで紛争が起きた。ソマリアは、紅海の入り口という要衝にあり、フランス、イタリアなどが分割統治していた。冷戦中はソ連の武器支援を受け、社会主義国家を目指していた。冷戦終結と同時に、民主勢力が台頭し内乱が頻繁に起きていた。

特に統一ソマリア会議が政権を取ろうとした時に、アイディッド将軍が率いるソマリア国民同盟が反撃に出て全土を掌握したが、内戦で飢餓が問題となり、派遣された国連軍との衝突も繰り返され大混乱となっていた。

このソマリアに、アメリカ軍が上陸作戦を展開しようとしていた。世界のマスコミは、このアメリカ軍の展開を取材するため、ケニア・ナイロビ経由で続々とソマリアの首都モガデシオに集まっていた。湾岸戦争以来の紛争取材に、アメリカを中心とする世界のテレビ局が、取材合戦で先を争ったのである。

ＴＢＳも、カイロ支局とロンドン支局から、記者とカメラマンを派遣することになった。私は、カイロからケニアのナイロビ経由で、まる二日をかけモガデシオ入りした。

現地は内戦状態で、現場取材には防弾チョッキが必要だった。カイロ支局の助手のサルワットが、どこからか防弾チョッキを調達してきた。鉛の板を重ねた、古いタイプの重いチョッキだった。そのチョッキを持って、エジプト航空でナイロビ入りした。

ナイロビからソマリアの首都モガデシオまでは、セスナ機をチャーターするしかなかった。モガデシオに飲料や食料を空輸するプライベート機を活用するしかなかった。相当多くの荷物を積んでいるため通常なら高度を充分に取れない危険なフライトだった。しかし、アフリカの大平原の飛行は高い山などがなく何の問題もなかった。ただこの低空飛行は、痩せこけたアフリカ大地の景色ばかりが続き、疲れるフライトだった。

モガデシオの空港から市内にタクシーで向かったが、驚いたのは、機関銃を担いだ少年の多さだった。殺気だった表情の少年が、何かわめきながら近付いてくる。私は、面倒くさいことになるのを避けるため、運転手に絶対止まるなと指示し、何とか切り抜けた。

後で聞いた話だが、他の日本人クルーがカメラを奪われたと聞いた。奪ったのは銃を持った少年グループだった。奪われたカメラは、翌日のモガデシオ市内の泥棒市場で売られていた。抵抗して銃で撃たれてとんでもないことになるより、さっと手渡して泥棒市場で買い戻すというのが常態化していた。

混乱の中、やっとモガデシオ市内に辿り着いたころには、日も暮れかけていた。宿泊できそうなところを探したが、ホテルなどまったくない様子だ。アメリカのテレビチームは、ビルや金持ちの屋敷を借り切って、ベースキャンプにしていた。

我々に、そんなベースキャンプを作る力はなかった。もたもたしているうちに、夜になってしまった。電気もない町は暗闇に包まれ、どこからか激しい銃声が聞こえてくる。結局、私は民家を借り切って泊まることにした。

二階建ての、部屋数が十室ほどの比較的大きな屋敷だった。部屋代は一日十ドルほどで安いのだが問題は、夜間の警備のための現地人の確保だ。屋敷の大きさからして五人は必要と思い交渉したが、一晩百ドルとのことだ。

最初高いと思っていたが、彼らの重装備を見て納得した。軽機関砲に小銃四丁が揃えられていた。まるで小隊の編成のようだ。大袈裟だなと思っていたが、深夜になると屋敷の目の前の道路を銃弾の閃光が何度も突き抜けて行くのが見えた。

私は一番年老いた男性を二階の自分の部屋の前に配置、他の連中は庭や道路に面したところに配備した。それは彼らを完全に信用していたわけではなかったからだ。万が一、彼らが我々に襲い掛かっても部屋の前の年老いた男性なら、私でも制圧できるかもしれないとの安全策だった。

窓ガラスもない部屋には、何十匹もの蚊が入り込んで全身を刺す。蚊と止まない銃声に悩まされ、なかなか眠れないアフリカの夜だった。

長い夜が明け、庭で食事を済ませ、アメリカCBSクルーのベースキャンプに向かった。CBSの衛星中継を使って、日本にリポートを送らなければならない。日本の夕方ニュースに合わせて中継時間のブッキングを依頼したが、CBSの女性コーディネーターからは冷たい返事しか返って来なかった。

「いま、あなた方のリクエストには、応じることができない。TBSとCBSの契約については認識しているが、今、アメリカ本土への衛星中継で手いっぱいなのよ」

我々も食い下がった。

「アメリカへの中継の間に、五分でも十分でもいいから時間をくれ」

何十分も押し問答が続いて彼女は一歩も譲らないという強固な態度だった。

放送時間はどんどん迫ってくる、どうしようと途方に暮れていた時、私の目にある人物が映った。懐かしい顔だ。CBSのメインキャスター、ダン・ラザーだった。湾岸紛争勃発直後のドバイで、ダンは我々のチャーターしている取材ヘリに乗せてもらえないかと頼んできた。CBSがドバイでヘリをチャーターしようとしたが、全て各国のメディアが抑えていて一機も残っていなかった。

彼らはＴＢＳの予約が入っているのを確認して頼んできたのだ。ドバイのホテルの私の部屋に、突然短パンのダン・ラザーが入ってきた時は本当に驚いた。その時の私は、ダンの要請を快諾、二人でヘリに乗ることになった。

ソマリアのダン・ラザーも、一年半前のドバイのヘリからのリポートを、忘れていなかった。私を見つけるなり、懐かしそうに握手を求めてきた。

私は、ＣＢＳの衛星中継を使わせてほしいと頼み込んだ。

「あなた方は我々の仲間だ。衛星中継でもなんでも遠慮しないで使ってくれ」

との嬉しい返事だった。

アメリカ本土への生中継と日本への生中継の時間は、ずれていた。ＣＢＳスタッフにとっては、本国への中継を終え、休んでる時間に我々が衛星を使用するのだから、迷惑な申し出だったのかもしれない。しかしダンのお陰で五回ほどのＴＢＳへの生中継を無事終えることができた。

ハイライトはアメリカ海兵隊のモガデシオ上陸だった。当初、秘密裡の作戦だったかもしれないが、上陸の夜は世界のマスコミが、海岸べりから上陸作戦をリポートしていた。まるで徳島県日和佐町（現美波町）の、ウミガメの上陸撮影のような感じで、緊迫感も何もない海兵隊上陸イベントだった。

非常に穏やかな上陸作戦だったが、その後モガデシオでは、多くのアメリカ兵が犠牲になってしまった。

トルコ東部のハッカ

26 トルコが消滅させたいクルド族

26

トルコが消滅させたいクルド族

湾岸戦争が終結した後も、中東地域では紛争が続いた。

トルコ東部のクルド紛争では、標高二千メートル近い山岳地帯での取材が続いた。湾岸戦争で、イラクからトルコ領内に避難したクルド族難民のキャンプが、いたるところに作られていた。

クルド族は、全体で五千万人いるとされるが、国土を持たない山岳民族で、イラン西部、トルコ東部の山岳地帯に暮らしていた。独自のクルド語を使用するが、イランもトルコも独立や自治は認めていない。特にトルコはクルド語の使用を禁止するなど、クルド族にさまざまな圧力を加えていた。

トルコ東部のハッカリや、ディアルバキルの山肌には、巨大なトルコ語で「ここはトルコ」と刻み込まれていた。こうした圧力に対し、クルド族もＰＫＫ（クルド解放戦線）など武装グループが蜂起し、トルコ陸軍との戦闘を繰り返していた。

こうした戦闘の舞台は、三千メートル以上もの山岳地帯で繰り広げられるため、クルド側に有利で、トルコ政府も手を焼いていたのが現実だった。私も、このクルド難民キャンプを取材したが、山岳地帯での取材が何日も続き閉口した。

国連の援助物資の輸送も困難で、時折飛来した大型輸送機からさまざまな物資が、パラシュートを付け投下されていた。投下物資が落ちたところへ、多勢の難民が我先に駆け寄っていくのだが、行ってみると、ほとんどの物資は封を切られただけで残されていた。

一体どんな物が投下されたのか調べてみると、チョコレート、煙草、洋食の缶詰めなどだった。クルド人の主食はラム・羊の肉で、牛肉の入ったルーなどはまったく手が付けられていなかった。おまけに、十歳くらいの子どもが、おいしそうに煙草をふかしていたのが印象的だった。

支援物資が本当に現地の難民たちに喜ばれるかどうかは難しいと思った。彼らが本当に口にしたいものは何なのかを調査して投下しないと、ただゴミの山が築かれるだけのような感じだった。羊でもパラシュートを付けて落下させた方がいいのではないかと思えるほどだった。

湾岸戦争後、バグダッドに日本から大量の医薬品が送られていたが、薬の説明書きは日本語だけで、現地では一体何の薬か分らないため倉庫の中に山積みされていた。紛争地や被災地への支援物資については、本当に現地の人たちが喜ぶものを送らなければ、何の意味も持たないということがよく分った。

一九九二(平成四)年三月、トルコ中部のエルジンジャンで強い地震が発生し死傷者が多数出たというニュースが飛び込んできた。

地震発生の翌日、私はイスタンブールから飛行機でいち早く現場に向かおうとしたが、被災地の空港がダメージを受けているので、車で陸路を行くしかないと聞かされた。

私は、東京に頼み込んでヘリをチャーターして現地入りすることにした。四千メートル級の山々が連なるエルジャス山脈越えである。若干の危険はあるが、パイロットは問題ないと言う。フライト料は一万ドル、片道百十万円の豪華なフライトだが東京は認めてくれた。

ヘリはどんどん高度を上げる。いよいよ稜線越えしようかという時に、ヘリが横に飛ばされるように急降下した。突風だろう。すぐ態勢を立て直したが、激しい揺れは続いた。このまま墜落するのではないかと思われるような揺れ方だった。生きた心地がしない山脈越えだった。

何とか目的地のエルジンジャンに到着したのは、イスタンブールを出発して七時間近く経っていた。その日は取材できなかったが、ホテルに入っても何度も余震が続いていた。

翌日、町の中を取材したが、すでにフランスの救助隊員が救出活動を行っていた。大きなコンクリートの建物が潰れて、塔が横倒しになり、地震の大きさを物語っていた。中東での地震の犠牲者数は、最初少ない犠牲者の数でも徐々に大きくなり、やがて何万人とかという数になることが多い。しかし、今回の地震の犠牲者は五百人ほどで、比較的被害の少ない地震だった。

27

ケニアに散った
フジTV・入江敏彦記者

ありし日の入江敏彦記者

27 ケニアに散ったフジTV・入江敏彦記者

報道現場に、危険はつきものではあるが、仲間を失ってしまう悲しさは、耐えられないものである。中東の危険区域で、何とか弾にも当たらず、お互い生き延びてきたと思ったら、思い掛けない事故で、二人の仲間を失ってしまった。

一人は、フジTVの入江敏彦記者だ。

彼は湾岸戦争終結後、カイロに赴任してきた。スポーツマンタイプで、爽やかな感じの若い記者だった。私より十歳も若く、フジTVのお天気キャスターだった妻の伸子さんと、長男と共にカイロへやって来た。

カイロでは、日本人家族同士の付き合いも多い。入江家とは時々夕食をともにしたり、カラオケ大会をやったり、ある時はカイロ郊外の湖に、ピクニックに行ったこともあった。

イスラエル取材では、度々同じホテルに宿泊していたので、朝食時などはいつも同席し、情報交換を行っていた。もちろん、ライバル局の記者であるから取材競争はしてはいたが、お互いに出し合える情報は交換していた。

ある時、私がラビン首相への単独会見に成功した時、彼は私の部屋に電話をかけてきて、

「原さん。単独会見。おめでとうございます。うちもトライしようと思っています。また教えてください」

と爽やかな声が聞こえてきた。

嫌味でも何でもない彼らしい反応だった。彼と競争している時は、何かルールが決められたスポーツ競技をやっているような感じだった。


ある時、リビアのカダフィー大佐が、マスコミに対し門戸を開いた時があった。欧米各社はヨーロッパから空路でリビアを目指していたが、私は千キロの砂漠道路を走破しようというのである。カイロの日本人記者に気付かれないように、リビア大使館に行き入国ビザを取得し帰ろうとしたとき、フジテレビの入江記者の姿がチラッと見えた。多分、彼は空路ローマ経由でリビア入りするのだろうと考え、私は支局へ帰るやいなや、オンボロ支局車の中古のベンツで出発した。カイロから、地中海沿いのアレキサンドリアを経て、西へ進むルートである。夕方やっとアレキサンドリアを過ぎて、一直線の砂漠道路を走っていると、白い三菱パジェロが猛スピードで我々を追い越して行った。夕陽をバックに、かすかに確認できたスポーツ刈りの人影は、入江記者だった。入江記者の乗ったパジェロは、あっという間に小さくなっていった。

そして、翌朝我々は、トリポリのホテルで朝を迎えていた。レストランで朝食をとっていたら、入江記者が元気のない表情で近付いてきた。

「原さん。どうやって来たんですか」

「千キロ、走って来たんだよ」

「実は、我々も陸路を飛ばして来たんだけど、途中死ぬかと思うほどの腹痛で、途中のホテルで休憩してきたんですよ」

入江記者の顔色は確かに調子悪そうだった。

どうやら、途中のレストランで食べた卵料理が腐っていて、腹痛を起こしたらしい。もし腹痛がなければトリポリ・レースにはフジＴＶに完全に負けていたと思う。

結局、カイロからやって来たのは、フジと我々だけだった。お互いの作戦を披露しながら、面白い朝食の会話が続いた。トリポリでは、私と入江記者は常に行動を共にし、さまざまなことを話し合った。懐かしい思い出だ。

入江記者は、日航機墜落事故の御巣鷹山の現場取材や、鹿児島の土石流取材の話をしてくれた。また、日本で私の湾岸戦争リポートを何度も見ていて、中東へ来る気持ちになったとも話してくれた。家族のこと、テレビ報道についての持論など、まる三日間、話をし続けた。それでも、彼は父親が電通の専務、ナンバー2であることは一言も話さなかった。私は営業畑ではないので、入江記者の父親が、著名なメディア人であることは、まったく意識していなかった。そのことが分かったのは、不慮の事故に見舞われ亡くなり、参列者千人と言う大葬儀が行われた時だった。彼は親の大きな存在を、あえて隠そうとしていたのかもしれない。

彼が亡くなったのは、一九九四(平成六)年十二月六日のことだった。ルワンダ難民をザイールのゴマで取材するため、入江記者はケニアのナイロビで、セスナ機をチャーターした。多くの機材を積み込み、セスナ機が標高五百メートルほどの、ナイロビ郊外のコング山を越えようとして高圧線に接触、墜落し炎上した。乗員全員が死亡、六歳の長男、生まれたばかりの次男、そして妻・伸子さんを残しての、三十二歳の若すぎる死であった。

もう一人、湾岸戦争当時、サウジアラビアで一緒だったNHKの矢内万喜男カメラマンも、三十一歳で亡くなってしまった。

矢内カメラマンは、サウジアラビアのダーランで、我々と共に取材活動に取り組んでいた。彼も解放クウェートに入り込み、さまざまなスクープ映像を撮影していた。湾岸戦争取材でかすり傷すら受けなかったが、戦争が終わり日本へ帰国した後に、取材現場の事故で亡くなってしまった。

一九九一(平成三)年六月三日、長崎県の雲仙普賢岳の溶岩ドームの撮影で、矢内カメラマンは火口から四キロの通称「定点」で、他のマスコミ関係者と共にカメラを構えていた。そして午後四時八分、突然、溶岩ドームが崩れ、大量の火砕流が襲ってきた。四百度もの高温の火砕流が、新幹線並みの速度で麓まで一気に下った。

この火砕流に多勢の人々が巻き込まれた。矢内カメラマンも、全身火傷で病院に収容されたが、懸命の治療にもかかわらず一か月後に、帰らぬ人となった。

この雲仙普賢岳の火砕流では、マスコミ関係者など、四十三人もの犠牲者を出した。私はこの時、エチオピアのオガデン高原で飢餓難民の取材をしていたが、ＢＢＣラジオがこの大惨事を伝えていた。その時は、矢内カメラマンが火砕流に巻き込まれたことを知らなかった。

湾岸戦争当時、サウジアラビアの取材基地ダーランには、ＮＨＫの二村伸記者や、カメラマンなど十人近い日本人が入っていた。戦争開始前の長い時間、我々日本人記者はよく一緒に食事をして

雲仙普賢岳の火砕流

いたが、その中に矢内カメラマンもいた。やはりＮＨＫの二村記者らと、満足できないサウジでの夕食の後、よく歓談したものだった。

奥さんの真由美さんは、矢内カメラマンが亡くなった後、壮絶な闘病記を出版した。熱風を吸い込んだ肺の損傷が重篤だったが、一時微かな望みもあった。しかし、二十二日後に帰らぬ人となった。

本の中で真由美さんは強く訴えていた。

「夫の死が、現在の過激な報道競争に歯止めをかけ、より具体的な安全対策を講ずるための一助になることを心から願っている」

真由美さんは、父親の顔も知らない一歳になったばかりの美春さんのために記録を出版したと綴っていた。

しかし報道事故は、その後も続いた。

二〇〇七(平成十九)年九月二十七日、軍事政権に反対するデモを取材中だった、ＡＰＦ通信社の長井健司記者がミャンマー軍の兵士に至近距離から撃たれ死亡した。長井記者とは東京赤坂にあるＡＰＦ通信社のオフィスでよく話していた。

ＡＰＦ通信は、どこのテレビ局にも属していない、いわゆる独立系の番組制作会社だった。

ＡＰＦ通信の山路徹代表も、自らサラエボなど紛争地で危険な取材を続けていた。日本人が現場に行き、日本人の目でリポートしなければならないという彼の持論は私も同じで、紛争地取材の在り方などをよく議論していた。

　長井記者も、安全重視のテレビ局ではできない取材を目指していた。銃撃されたヤンゴンの現場でも、多くのメディアは高いビルの中から撮影していたが、長井記者はあえて路上からデモの民衆を撮影していた。その長井記者を至近距離から銃撃し、長井記者が倒れた。しかし　長井記者は倒れてもビデオカメラを回し続けていた。その全てを記録したロイター通信の映像は、その年のピュリッツアー賞を受賞した。

　長井記者の危険を顧みない取材姿勢については、賛否両論あった。紛争地、戦争、自然災害の取材で、記者やカメラマンは、より良い取材、撮影のために、ギリギリの線まで進もうとする。私自身も危ない目にあったことは何度かある。負傷しても不思議でない場面も多くあった。でも無事でいられるのは、たまたまとしか言いようがないのである。

　ニュース取材において、今後も事故がないとは断言できない。若い記者たちが取材中の事故で、負傷したり命を落とすことのないように祈るしかない。そう考えると、報道という仕事も、実に大変な仕事に思えてくる。身近にいた三人の取材中の死が、今後の安全な取材にヒントを与えてくれることを祈るしかない。

小川、阿川、料治キャスターと共

28

似合わなかった「報道特集」キャスター

28 似合わなかった「報道特集」キャスター

カイロ特派員の任期も、残すこと三か月という一九九三(平成五)年一月に、TBS報道局から、「報道特集」のキャスターをやってもらえないか、との話が飛び込んできた。予定では、その年の四月から岡山のRSK本社報道部に復帰するつもりだった。

TBSとRSKの間でしばらく協議が続き、結局二年間だけキャスターを務めることになった。

「報道特集」は、我々JNNの報道マンにとっては、大きな意味を持つ番組だった。ローカル局の記者が、TBSの看板番組のキャスターに起用されるというのは、初めてのケースで、私自身不安もあったが、会社側とも相談を重ね挑戦することにした。

「報道特集」は、北代淳二、堀宏、田畑光永、料治直矢など、歴代のTBS報道の顔とも言われるキャスターが並ぶ伝説の番組である。地方局の記者にとっては、憧れの番組でもあった。テレビ報道経験十年ほどの私が、本当に務まるのだろうかという、大きな重圧も感じていた。

結局、その年の四月からは、料治直矢、小川邦雄、阿川佐和子の三氏と私の四人でキャスターを務めることとなった。

三月末、日本に帰国し赤坂のＴＢＳに初めて挨拶に行った時、局舎の玄関脇に大きな番組の垂れ幕が掲げられていた。垂れ幕には四人の顔がペイントされていた。初めてのことで気恥ずかしい感じだった。

ＴＢＳでの仕事は、初めてのことだらけだった。本番前にメイク室に入りドウランを顔に塗ってもらい、衣装部が用意したスーツ姿でスタジオに向かう。地方局のテレビスタジオの五倍はあろうかというスタジオで生放送が始まる。スタジオ内のスタッフも、びっくりするほど多い。全国二十八局にネットされていると思うと、予想以上の緊張に包まれる。


この「報道特集」は、自分の放送スタイルとはかけ離れていた。肌が合わないというか、似合っていなかった。同じキャスターの阿川佐和子さんも、しっくりきていない感じで、二人はよく飲みに行き憂さ晴らしをしていた。阿川さんとはそれ以来親しくなり、今は阿川さんのご主人と三人でワイワイ楽しむこともある。報道特集では、阿川さんをはじめ、ＴＢＳの新しい仕事仲間ができたことが貴重だった。

「報道特集」での、私の最初のリポートは、イスラム原理主義。得意の分野なので自信を持ってリポートできた。その後は、政局や経済ネタなど、それまで考えても見なかったネタが続いた。

まずリポートしたのは、政界のドン金丸信の違法献金疑惑だった。リニア実験線の誘致にから
む政治献金問題を、地元の山梨に飛んでリポートした。山梨のきれいなモモ畑で農家の人々にマ
イクを向けたが似合っていなかった。

東京では、どうしても政治ネタが多かった。日本新党の細川護熙代表をスタジオに招いた時は、
佐川急便との黒い繋がりを、生スタジオで直撃インタビューした。だまし討ちのようなインタ
ビューは、後に小池百合子議員から痛烈に批判されてしまった。

そうした政局ネタにあまり興味が湧かなかった私は、機会あれば大阪のMBSへ飛んで、社会
ネタを追い掛けた。

大阪市内で、大量のニセ一万円札が出回った事件では、犯人がJRの快速列車を利用して、ニ
セ札を使用したとの独自分析をリポートした。

またグリコ森永事件の時効直前のリポートでは、「かい人二十一面相」を懸命に追い掛けた。

また大手部品メーカーの総会屋事件では、逮捕された元総務部長を奈良市内で探し出し、三日
間自宅に通い詰めて口説き落とし、証言インタビューを交え総会屋の実態に迫った。インタビュー
では、総会屋の巧みな企業攻撃の手口などが赤裸々に語られた。

また、名古屋では三和銀行の支店長射殺事件で、数多くの暴力団事務所に取材を行った。暴力
団の取材は隠しマイクを装着し収録していたが、ある組事務所で一般人を装って入ろうとした時、

突然組関係者に声を掛けられた。

「報道特集の原さんでしょう。名古屋で何の取材ですか」

結局、その組事務所は取材できずじまいに終わった。

暴力団と言えば、北九州の工藤会草野一家の取材が思い出される。草野一家などの抗争事件が発生した時に取材に入り、地元局RKBの協力で草野一家の本部をはじめ、多くの暴力団関係者に取材した。

北九州の暴力団関係者は筋金入りの組員が多く、何度か脅されたこともあった。ここでも多くの組関係者が「報道特集」をよく見ており、取材がやりにくかったり、やりやすかったりした。

九州と言えば長崎にもよく通った。流し網漁船の玄界灘での沈没事故をリポートしたこともあった。佐世保から平戸、そして生月島の遺族の家を訪ね歩き、船主の責任問題に関する証言を集めていった。

また、同じ長崎県の壱岐対馬では、韓国漁船の密漁を一か月に渡り取材した。対馬の中心、厳原の安宿に滞在し、海上保安庁の巡視船に同乗し、荒海の中を何度も取材した。

RSKからTBSへの出向勤務で、さまざまな違いに気が付いた。ドキュメンタリー番組制作の場合、RSKでは、取材した記者が編集し、そしてスーパーも自分自身で発注しBGMまで選曲し「報道企画番組」を作り上げるが、ＴＢＳは、多様なスタッフがいて、編集作業は専門の編集マン、音楽やスーパーはＡＤ（アシスタント・ディレクター）が作業していく。最も忙しいのはＡＤさん達だ。ややこしい細かいことは全部やってくれた。自宅に帰っていないのではと思われるほど、いつでも報道特集の部屋にいたような気がする。

ＲＳＫにはＡＤという職種自体ないので、取材のための切符の手配から、完パケ作業まで、全ての作業を記者がやらなければならない。そういう点からみると、二年間のＴＢＳ勤務は、身が軽くなったような二年間だった。ＡＤの皆さんに大感謝する次第である。

もう一つ大きな違いは、番組企画についての議論の時間が多いことだった。スタッフの皆さんは博識で、さまざまな取材の方向性が長時間議論されていた。慎重と言えば慎重だが、とりあえず現場に行く、取材した結果で議論した方が良いのではないかと思う場面が多かった。

ＲＳＫでは、スタッフの余裕もないので、大体とりあえず現場取材というケースが多い。いい加減と言えば、いい加減なやり方だが、スタッフが少ない地方局では仕方のないことでもある。私自身も、議論するより、まず現場と言うやり方が似合っていた。十分な準備もしないで出発するので、入り口でもたつくこともあった。例えば、入国ビザを取らないまま、取材先の空港で二日ほど滞留させられることもあった。しかし、報道取材では万全の準備、万全の態勢、万全の下調べなどないのが普通だというのが持論でもある。

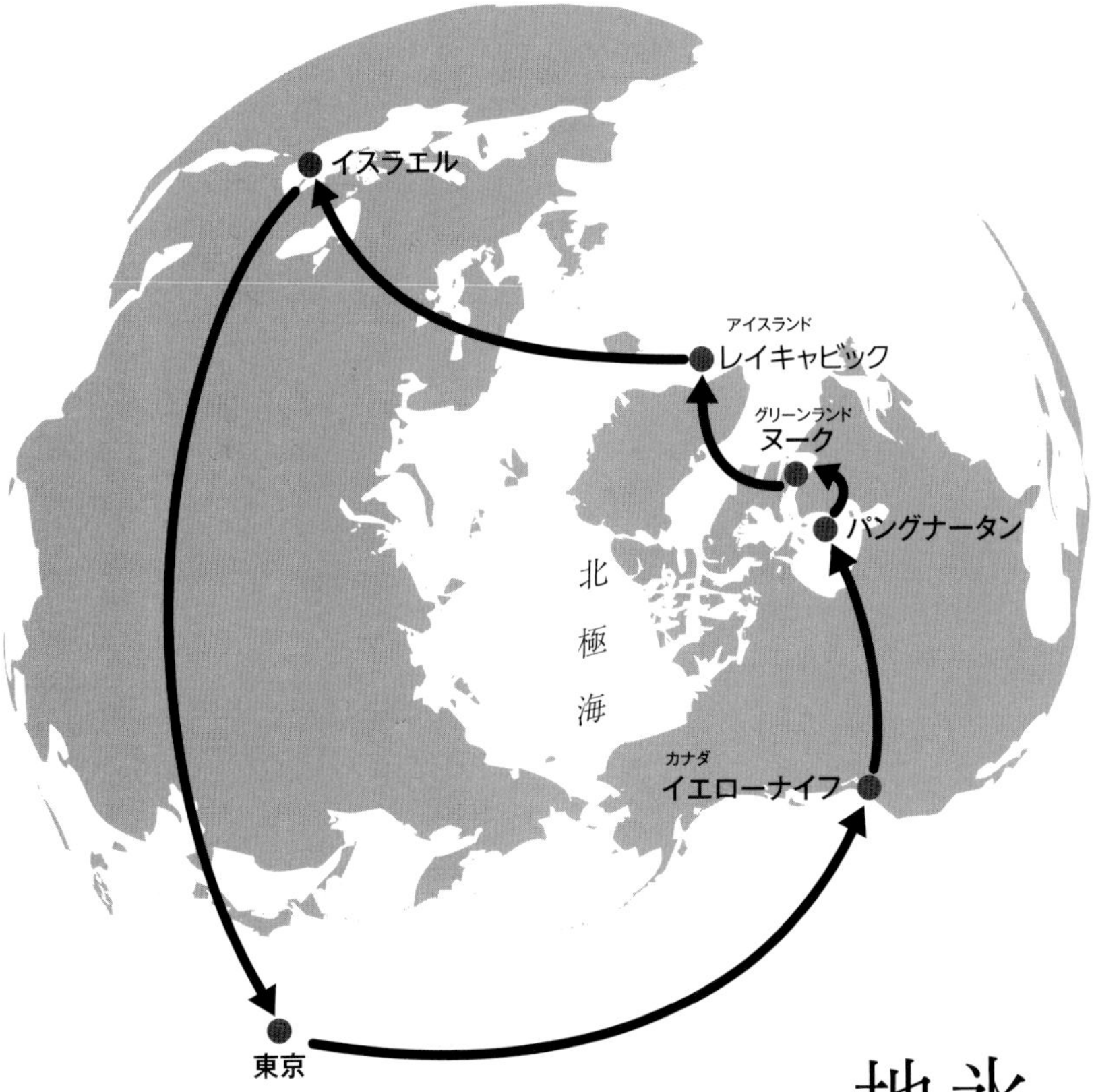

29 氷点下から熱砂へ、地球一周の取材旅行

グマのようなイヌイットの大男が手漕ぎボートで迎えに来てくれていた。我々はこの大男と二週間ほどテント生活をすることになってしまった。

テントは二張りで、イヌイットも入れて六人の男のテント生活だった。本当に白鯨は出て来るのだろうか。夜は氷点下十度近くまで冷え込む、極北の岸壁で大変なことにならなければよいがと不安がよぎった。食料はだんだん少なくなっていき、最後は何度かイヌイットが用意してくれたオットセイの生肉を食べていた。

イヌイットの大男は、唇と歯を真っ赤に染めながら、おいしそうに生肉を食べていたが、我々がこの食事に慣れるまでには、相当時間がかかった。

野菜を摂らなければと、野山に実っていたブルーベリーを毎日食べていた。排便は岩陰で済ましていたが、野鳥の糞と我々の便の色が同じ紫色になってしまって笑ってしまった。

白鯨の撮影は無理だと諦め、帰国を決めた最後の日、驚いたことに五十頭ほどの白鯨が、目の前に浮上してきた。まるで奇跡が起きたような感覚だった。イルカのような鳴き声を出しながら白い鯨が水面を飛び跳ねたり、もぐったりを繰り返していた。声が震えそうな一瞬だった。何百万もの取材費を無駄にすることなく白鯨取材は終了した。

パングナータンでの取材を終えた私は、スタッフに別れを告げ、一人でグリーンランドのヌークへ飛んだ。調査捕鯨が国際問題となっていた関連取材のためだった。

ヌークでは市民が鯨肉を好んで食用にしていた。私も市場で大きな切り身を買って、ホテルのベランダに吊るして、時々切り取って食べていたが、それまで味わったこともない不思議な旨さだった。

グリーンランドでは、地元のテレビ局も訪問し、鯨関連の珍しい映像を入手することができた。そのヌークでは、気になることが一つあった。それは、酔っぱらいのイヌイットが異常に多いことだった。昼間から酒の小瓶を手に、町中をふらついている光景をたびたび目にした。

「寒いから酒好きなのか」

と現地コーディネーターに尋ねたところ、意外な答えが返ってきた。

デンマーク政府が、彼らに仕事ではなく安い酒を与えているということだった。もともとの原住民たちは、新しい時代の波に乗れず、多くが安価なアルコールに逃げているとの話だった。イヌイットに独立運動を起こされるよりはよいと言う、宗主国の考えなのかもしれない。

ヌークでの取材が一段落すると、私はアイスランドの首都レイキャビックに飛んだ。イヌイット達が多く住むパングナータン、ヌークとは違い、レイキャビックはヨーロッパの都市という洗練された感じだった。

ここで私はタクシーをチャーターし、鯨関連の取材を開始した。驚いたことに、レイキャビックには日本料理店もあり、鯨肉料理を紹介された。しかし、レイキャビックではグリーンランドほど、鯨を食用にはしていなかった。

取材の途中で訪れた、火山の島アイスランドの美しい風景に感動した。何万年も前の地球をイメージさせるような溶岩台地や、巨大な滝、初めて見る間欠泉など、いつかは取材以外で訪れてみたいと思ったほどの素晴らしい景観だった。


三日ほどのアイスランド滞在を経て、私は、TBSデスクの要請で、イスラエル占領地のガザへ飛んだ。中東和平会議が開催されている中で、パレスチナとイスラエル軍の激しい衝突が繰り返されていると東京から連絡が入ったからだ。真冬のような極北から、灼熱の中東への移動である。


着るものも所持品もピント外れのものばかりだった。イスラエルのテルアビブで、夏向きの衣服を取り揃えて占領地ガザに向かった。カイロ支局長時代に何度も訪れたガザだったが、この時のガザは緊張に包まれていた。

ガザに入って三日目のことだった。パレスチナ人コーディネーター・ターヘルの事務所で話していたところ、とんでもない情報が飛び込んできた。イスラエル兵士三人が、パレスチナ武装ゲリラの攻撃を受け、射殺されたばかりだというのである。

その情報が入ると事務所にいたパレスチナ人たちは大声で叫び始めた。何を言ってるのか分からないが、イスラエル兵が三人も射殺されたことに歓喜していた。

占領地ガザのイスラエル軍

コーディネーターのターヘルが、現場に行ってみようと言うので、勢いに押され、私も車で現場に駆け付けた。

殺害現場は、市街地と農場の間の道路端で、一台のイスラエル軍の軍用車が、農場の壁に突っ込んだまま傾いていた。よく見ると、運転席と後部シートに、まだ血を流すイスラエル兵が三人いた。三人とも頭にとどめの銃弾が浴びせられていた。

衝撃を受けていた私だったが、咄嗟《とっさ》に小型カメラを構え惨状を撮影した。まだ、イスラエル側の援軍は来ていないが、いつ来ても不思議はない。もし駆け付けたイスラエル兵が我々を発見すれば、即座に乱射してくるのは間違いない。私は車の中で撮影しながら「ゴー、ゴー!」と叫んだ。駆け付けたイスラエル兵に、私が日本人記者だと言っても、逆上したイスラエル兵は、問答無用に銃を乱射するはずである。幸いにもイスラエル兵に発見されることはなかったが、危機一髪の場面であった。

事務所に帰って映像を確認したが、安定した映像ではなかったものの射殺された直後の三人の姿は正確に捉えていた。一方では、スペインのマドリッドで中東和平会議が進められている中での射殺事件であり、スクープ映像になるのは間違いないと思った。

私は、カセットテープを、下着の中に隠さなければと咄嗟に思った。小さなカセットテープを包装紙で包んでズボンをずらして、下着の中に隠した。

十分ほどして、屈強なパレスチナ兵士らしき男が事務所に飛び込んできて、ターヘルに何かまくし立てている。ターヘルの説明によると、撮影した映像は、パレスチナ兵士のオペレーションを記録したものだから、引き渡せと言うのである。

私は、絶対渡せないと応えると、男は、ポケットからいきなり拳銃を出してきた。すぐ返すから今は渡せ、もし渡さないなら力で奪うというのである。男の強い口調と私に向けられた拳銃に、私はどうすることもできず、必ず返してほしいと念押しして渡してしまった。

その後、翌日になってもテープは戻って来なかった。そして次の日、エルサレムで見たテレビニュースを見て、私は愕然とした。CNNが、スクープ映像として私の映像を流していたのだ。私の慌てふためいた下手な英語「ゴー、ゴー!」と言う叫び声も聞こえてくる。明らかに私がパレスチナ兵に奪われた映像である。東京に至急電話を入れCNNに抗議してほしいと申し入れたが、流れてしまった以上、取り戻すというのは非常に困難だと言う。

後で聞いた話だが、映像は一万ドルで売れたとのことだった。その後そのカセットテープは二度と私の元へは帰って来なかった。

今じっくり考えると、これはパレスチナ人コーディネーターが、自ら仕組んだことかもしれない。彼らにとって一万ドルは非常に大きい額である。私を現場に連れて行ってくれたのも、映像を奪ったのもパレスチナ人たちなのだから仕方がないと今では思っている。

湾岸戦争以降、テレビ報道はCNNの大活躍などで、映像競争や取り込み合戦が派手になってきている。そんな中、拳銃も飛び出してくる凄まじさになっていた。

占領地の取材を終え、カイロ経由で日本に帰ったのは、日本からカナダに飛び立って四十日が経っていた。「白鯨」と「鯨肉」、そして「パレスチナ紛争」と、三つのネタで地球を一周してしまった。疲れていたが、まだまだ体力のあった四十代の地球をぐるりと一回りの貴重な取材体験だった。

国後島 泊の日本人墓地で

30 根室の密漁船と極寒の国後島取材

30

根室の密漁船と極寒の国後島取材

報道特集時代の、忘れえぬ仕事の一つが、北方四島の国後取材だった。

夏の取材なら涼しくていいが、我々が行ったのは真冬の二月だった。一か月前にソ連側に拿捕され収監された根室の漁民に会うのが目的だった。

当時、北方四島周辺では、北海道東部の密漁船が何度も拿捕されていた。一九九三(平成五)年は十一件四十一人の漁民が拿捕され、サハリンの刑務所などに収容されていた。我々は拿捕され色丹島の収容所にいる鈴木慎一さんの父親・鈴木市雄さんに取材した。

慎一さんは国境を跨ぎ、国後と色丹島の間の三角水域で密漁している時、ロシアの武装ヘリに襲撃され拿捕された。密漁はよくないと分かっていても、三千万円の高速漁船の購入費を支払うためには、密漁するしか道はないと、胸の内を明かしてくれた。

北海道近海の魚やエビは取り尽くされているので、危険を承知で越境操業するのだ、とも話してくれた。拿捕された慎一さんに初めての男の子が生まれていたが、本人は収監されたままで長男誕生はまだ知らされていない。我々が北方四島の取材を計画していると話したところ、奥さんが「長男の写真と、新しい名前」を伝えてほしいと懇願してきた。取材者がしてはいけないことかもしれないが、我々は一応写真を預かることにして国後取材の計画を練った。

我々は、渡航ビザを取得しての国後行きを決めた。ビザを取得しての取材は好ましくないというのが、日本政府の考えである。太平洋戦争時、日ソ不可侵条約を締結していたソビエトは、日本が無条件降伏した後、北方四島まで侵攻し領有してしまった。日本政府はソビエトの四島領有は国際法違反であると、これまで何度も返還交渉を行ってきた。橋本龍太郎首相は、ロシア政府のエリツィン大統領と実効ある交渉を進めていたが、その後両者共に退き、膠着状態が続いている。

元島民の日本人のために、ビザなし渡航なども進められてきたが、返還の機運はまったく見られていない。二〇一一(平成二十三)年になって、ロシアのメドベージェフ大統領が、自身の影響力拡大をもくろみ現地視察し、四島の開発計画を発表するなど強硬姿勢を強めている。

しかし、日本政府は北方四島を日本固有の領土であるとの考えを今も堅持している。渡航ビザを取得して北方四島へ取材に行くのは、ロシアの領有権を認めることになるので、控えてほしいというのが外務省の考えであった。

我々はその政府見解を無視して、サハリン経由で国後に行く計画を立てた。当時実施されていた年何回かのビザなし渡航では、北海道から二時間ほどの短い時間で、国後に渡ることができた。

しかし、我々は新潟空港からハバロフスクに飛び、さらに樺太の中心ユジノサハリンクスに飛び、サハリンからは船で国後に渡るという、遠回りをしなければならなかった。

おまけに、一年でもっとも寒さが厳しい二月である。トランジットで滞在したハバロフスクは氷点下三十度近くまで冷え込んでいた。鼻息が、ひげにツララを作っていた。帽子をかぶっていないと、頭痛を引き起こしてしまう寒さである。

そんな寒さの中でも、市の中心を流れる凍りついたアムール川では、氷を割って穴釣りをするロシア人がいたのには驚かされた。釣り上げた魚は水から離れ、氷の上に放たれた瞬間に冷凍され硬直していた。

頭も痛くなるほどの初めて体験する寒さだった。ハバロフスクの町の中も凍りついていた。凍った歩道では、我々は何度も転びそうになったが、ハバロフスクの市民は、まるでスケートでもするように、皆、滑りながら歩いていた。我々も最初は慣れなかったが、そのうちスケーティング・ウオークになじんでいった。

ハバロフスクから、サハリンのユジノサハリンスクまでは、墜落するのではないかと心配するような、ロシアの旧型旅客機に乗せられた。強い季節風のため揺れも激しく、ブリキで造ったような機内がガタガタ、大きな音を立てていた。ユジノサハリンスクの旧日本名は「豊原」で市内のあちらこちらに日本らしい建物も残っていた。

市内を走る車が面白かった。日本の中古車が多く、ほとんどの車に日本語の店名などが書かれたままだった。例えば鹿児島のクリーニング店や、新潟のすし屋など、サハリンでの面白い光景だった。

サハリン南端のコルサコフ港からは、凍りついた海を移動することになる。船は千トンほどの小さな古い鉄鋼船で、まる二日の航行だった。コルサコフを出航してしばらくは順調に航行していたが、宗谷海峡の中ほどに来ると船は激しく揺れ始めた。

ほとんどのスタッフが船酔いに悩まされた。揺れが止まったかと思うと、氷を砕く激しい音が聞こえてくる。流氷に閉じ込められ船が前後し、その勢いでゴツンゴツンと氷を割りながら前進していく。酔い止め薬を東京で買って携行携帯していたが、カメラマンや通訳など、スタッフに分け与えているうちに、すぐなくなってしまった。

国後のプラウダ港に着いたのは、翌日の夕刻になっていた。三十時間近い真冬の航海だった。町の名前はユジノクリクス、日本名は「古釜布」。人口五千人ほどのロシア人の住む町だ。戦前まで国後の中心は北海道にもっとも近い「泊」という町だったが、ソ連占領後、無人の台地だったユジノクリクスを開発し、新しく町がつくられた。

国後で、我々は学校の校舎のような宿舎に滞在した。食事は、雪の中を二十分ほど歩いてレストランまで行かなければならなかった。レストランといっても薄暗い何も飾り気のない部屋で、質素な食事が繰り返されるだけだった。メニューなど何もなく、最初の日から最後まで硬いイカフライしか出てこなかった。

スーパーマーケットもあったが、野菜や果物はほとんどなく、缶詰と黒パン、ときどき小さなリンゴがわずかに並べられているだけだった。まるで暗い感じの町だったが、ロシア政府の住民への優遇措置は大きく、多くの定住化が実現すれば、既成事実として実効支配につなげていこうという思惑がいたるところで感じられた。


我々の最大の取材目的は、北海道根室漁協の拿捕された漁民。鈴木慎一さんに面会することだった。境界線ぎりぎりで操業していたカニ漁の漁船が、一か月ほど前にロシア警備艇に拿捕されていた。

我々はロシア当局に何度も鈴木さんへの面会を申し入れたが、許可は出なかった。しかし収容棟の近くまでは行ってもよいということになった。収容されていたのは、色丹島の小さな入り江の断崖に造られた建物だ。我々は可能な限り建物に近付き、日本人の姿が見えたら大声で呼び掛けるつもりだった。しかし、わずか百メートルほど先の収容棟からは、ロシアの警備兵も誰も出て来なかった。

我々は面会を諦め、国後島の全てを撮影することにした。厳しい真冬の取材だが、風のない日は何とかしのげたが、吹雪になると遭難してしまうのではないかという厳しい取材になった。泊岬の日本人墓地の撮影では、猛吹雪にカメラマンの指が軽い凍傷になるほどの寒さだった。気温は氷点下十度前後だったが、すさまじい横殴りの風と雪は、スタッフ全員が立っていられないほどの激しさだった。

この泊村、ロシア名コロブニノで、一人のロシア人漁師に話を聞いた。日本の根室の漁業関係者に比べ、みすぼらしい感じのラザロフさんだ。彼の船は、廃船かと思われるような錆だらけの鉄鋼船で、エビ漁をやっていると言う。一か月の彼の収入は三万円前後で、根室の漁業者の一回の総業で、二百万円という水揚げに比べると、わずかの収入だった。

ラザロフさんは、春になると二十隻ほどの密漁船が日本からやって来て、エビを根こそぎ獲って帰ると言うのである。ロシア警備が来ると、彼らは網カゴのロープを切って、時速七十キロ以上の猛スピードで逃げて行くという。日本人漁師が捨てた仕掛けの網カゴが、泊りの浜に積み上げられていた。

三千万円から、五千万円もする高速船購入の借金返済金を稼ぐため、密漁を繰り返す日本の密漁船、毎月わずか三万円の生活費で細々と暮らすロシア人漁師。どちらも生きて行くために必死だった。

サハリンから国後への船の中で、ロシア人と話す機会があった。日本漁民の密漁には厳しい声

が相次いだが、一人だけ大柄のロシア人が、

「日本にこんなに近いんだから、返してやればいい」

という声も聞かれた。

発言した男には、他のロシア人乗客から厳しい視線が向けられていた。


我々も驚いたが、国後にはナイトクラブがあった。雪に覆われた古びた建物の二階の小部屋に、国後らしからぬ賑わいのナイトクラブがあった。客は少ないが、ホステスが七～八人はいた。二十歳前後の明るい娘たちで、全員が国後生まれだった。彼女たちに北方領土返還交渉について聞いたが、大声で笑うだけだった。

国と国の領有権問題は、まず両国の漁民に暗い影を落としている。今、沖縄の尖閣諸島周辺では、

国後生まれの女性たち

やはり日本と中国の間で海域の領有権問題が大きくなっている。両国の間での摩擦が大きくなれば、また両国の片隅の漁民が厳しさに直面させられる。

島根県の竹島についても、韓国が領有権を主張している。島国日本の外交手腕が、さらに問われる時代でもある。

北方四島については、「二島返還論」が、出たり引っ込んだりしているが、私が取材した三十年前と状況は、まったく変わっていない。両国にとって、どちらもプラスになる方向性は本当にないのであろうか。

国後も択捉も火山帯にあるため自然景観は素晴らしく、どこを掘っても熱湯が湧き出す。日本やアジアの人々が一度は訪れたくなる島々である。漁獲量がコントロールされた状態なら、豊かな漁場を両国で維持していくこともできる。安全保障上の課題があれば、外交交渉でアメリカとも協議すべきであろう。国後・泊港近くで見つけた吹雪の中のたった一つの日本人墓が、悲しみを押し殺しているように見えた。

日本人は国後について詳しく知る機会もないが、国後には温泉が湧く場所が何か所もある。通訳のロシア人が、取材のない日に熱湯が湧く場所に案内してくれた。国後島のほぼ真ん中の山中に幅三メートルほどの小川が流れていたが、その横にプシュー、プシューと音を出しながら熱湯を噴き出す岩場があった。通訳のロシア人は、凍てついた川の流れを石で塞いで、熱湯のたまりに導水する作業を始めた。温度調節を何度か繰り返し、四十度前後の良い湯加減の水たまりが、あっと言う間に出来上がった。

カメラスタッフの一人が、寒さも気にせず湯にザブンと入り込んだ。池の中は落ち葉が積み重なっていて、まるでヘドロ湯に漬かっているようだ。スタッフが泥人形のようになっているのを見て私は挑戦をやめた。豊富な湯があちらこちらで出るのであれば、国後温泉として日本人を引き付ける魅力ある観光地になるかもしれないと、無責任に想像してしまった。

国後滞在中に感じたのは、ロシア人の明るさだった。真冬の厳しい中でも、人々は強く明るく暮らしていた。しかし、独特のプライドの高さを持つロシア人女性もいた。国後島内の床屋に行った時の事だ。ボサボサに伸びた髪の毛を、こうカットしてくれと頼んだら、彼女はハサミを止め泣き出した。何故泣くのか聞いてみると、彼女は三十年も自信を持ってヘアカットしているのに、突然現れた日本人に、こうしろ、ああしろと言われるのは悲しいと言う。日本ではありえないが、彼女のプライドを傷つけたことを謝罪し、散髪を最後までやってもらった。ロシア人の難しさを垣間見た感じだった。短い国後滞在だったが、日本から眺めているだけでは気付かないことを数多く見つけた二週間だった。

ニアルブイエ教会

31

作られた部族対立とルワンダ大虐殺

31　作られた部族対立とルワンダ大虐殺

一九九四（平成六年）年八月七日、私は成田空港からロンドン経由でケニアのナイロビを目指した。大虐殺の続くルワンダ取材のためだった。

中央アフリカに位置するルワンダでは、一九九〇（平成二）年からツチ族とフツ族の部族衝突が繰り返され、一九九四年にはフツ族によるツチ族百万人もの大虐殺が起きた。後に、映画「ホテル・ルワンダ」などでも、取り上げられた凄惨な部族衝突だった。

ルワンダには、直接のフライト便はなく、隣国のブルンジまで飛んで、後は陸路で行く方法しかなかった。私は、日本電波ニュースの、前川カメラマンとナイロビで合流し、ルワンダ取材を開始した。

ルワンダの大地は、緑豊かな丘陵地帯が続き、日本に、お茶の葉を輸出するほどの肥沃な国土だった。我々は、現地通訳のキャッチした情報から、虐殺のあったニアルブイエ教会を目指した。何千ものツチ族住民が殺された高台にある教会だった。

幹線道路をはずれ、未舗装の山道を二時間ほど入ったころ、車外の風に、妙な臭いが混じり込んできた。教会のある丘に近付くにつれ、それは悪臭に変わってきた。そして、教会前の広場に着いたときの光景に、我々は眼を疑った。手足や頭部がバラバラになった死体が、いくつも転がっていた。中には白骨化した手足もあった。まだ血のりが残る死体もあることから、数か月、いや一年近くも虐殺が続けられたことを窺わせた。

我々はリポートを撮りながら、教会の中や裏側に回って撮影を続けた。ちょうど教会の裏側の物置らしきところで、実に恐ろしい光景を目にした。私は中東の戦場取材で、数多くの死傷者を見てきたが、ニアルブイエ教会の惨状ほど、凄惨極まりない光景は眼にしたことがなかった。

女性と子どもが、三百人近く教会の裏庭で惨殺されていた。それは銃による殺戮ではなく、ナタ

ザイール・ゴマの難民キャンプで

かカマか、何か刃物で力任せに叩きつけられたような死体ばかりだった。幼児を抱きかかえた母親らしき死体も数多く見受けられた。おそらく二、三週間ほど前の虐殺だろう、血だまりの池から激しい死臭が漂っていた。単なる殺し方ではなく、怨念や恨みが込められた殺し方に見えた。当然、フツ族兵士たちによる虐殺であった。我々に同行していたツチ族出身の青年は、言葉を詰まらせ、深い悲しみを懸命に堪えているようにも見えた。

我々がルワンダ入りした時点では、ツチ族が中心のＲＰＦ（ルワンダ愛国戦線）が巻き返しの攻勢を強め、報復を恐れた大量のフツ族住民が隣国のザイールに逃れていた。その難民を追って、我々はザイールを目指した。

ザイール国境付近では、フツ族難民の長い人の列ができていた。ザイールに入って間もなくゴマの難民キャンプに到着した。ゴマの標高五百メートルほどの山は、百万人以上もの難民ためのテントで、びっしり埋められていた。もともとは周辺の山々と同じく、緑に覆われたサバンナだったに違いないのだろうが、難民たちが樹木を燃料にしたため、赤茶けた禿山に変わり果てていた。

ルワンダは、もともとベルギーの植民地だった。ベルギーは、植民地統治を効率よく進めるため、少数派ツチ族の住民を重用し、フツ族をコントロールし、ルワンダ全土を植民地化したのだ。

ツチ族の子弟の多くは、ヨーロッパへ留学し、高等教育を受けるケースが多く、知識層はツチ族で占められていた。そうした長い差別政策を取ったため、ツチ族とフツ族の経済格差は、どんどん広がっていくばかりだった。

何十年もの間、フツ族は文化レベルも低い抑圧された部族だった。そうした積年の怨念が大量虐殺を生んだ。いわば宗主国ベルギーの国益のみを考えた植民地政策で、ルワンダでは長い年月、民族分断が起きていた。

その大虐殺から三十年が経った。最近、海外ドキュメントで、ルワンダの若者が紹介されていた。その中には、フツ族のレイプによって生まれた、混血青年も大勢いた。しかし、彼らは大虐殺については何も知らなかった。彼らの親達が口を閉ざしてしまっていたのだ。とても伝えられない事実が数多く存在するということだった。

事実を正確に伝えれば、また憎しみの連鎖に繋がってしまう、ということなのだろうか。先進国の、効率重視の植民地政策が残したものは、いつになれば消えるのだろうか。

強権を発動し、効率重視の植民地政策を推し進める大国と、虐げられる民族の悲劇はルワンダだけではない。

五千万人のクルド族住民は、トルコの統一政策に長く苦しめられている。トルコ政府は、トルコ東部のクルディスタンの美しい山々に、トルコは一つという巨大なスローガンを刻み込んで、クルド族に圧力をかけ続けている。もともとはクルド語を使っていた少数民族だが、現在は学校や、公共施設でのクルド語の使用は禁じられている。クルド族はＰＫＫ（クルド労働党）の反政府組織を立ち上げ、ゲリラ戦を展開している。最新兵器を装備したトルコ軍だが、三千メートル級の山々の中での戦闘はＰＫＫ側に有利で、力による同化政策はいまだに効果を上げていない。

再び騒乱の続くミャンマーでは、北部カレン族やイスラム教のロヒンギャ少数民族への政府軍の攻撃が続いており、国民的リーダーのアウンサンスーチー氏は、軍部に拘束され姿を消したままだ。世界はミャンマー政府軍への非難の声を高めているが、経済制裁など強い締め付けを実施しない限り進展はないであろうと考えられる。二年前の二〇一九(令和元)年、インパール作戦で戦死した将校の関連特番取材のためミャンマーに二週間ほど滞在し、政府軍の銃弾に倒れた故長井健司さんの最期の場所に花を手向け、ミャンマーにやっと平和が訪れたと実感していたつもりだったが、再び政府軍のクーデターで騒乱のミャンマーに戻ったのは悲しいニュースでもあった。

さらに、中国共産党政権の新疆ウイグル自治区の住民への締め付けが強まっている。抑圧されているのはウィグル自治区のトルコ系イスラム教徒たちだが、数百万人が収監され中国の同化政策のための教育を受けていると伝えられている。トルコ政府は、ウィグル自治区のイスラム教徒の救済を世界に訴えているが、自国のクルド族同化政策に強権発動しているだけで、その声は世界に強く鳴り響かない。大国が少数民族を力で押さえつける構図は、一体いつまで続くのだろうか。

北限のニホンザル
（青森・脇野沢村）

32 北限のニホンザルと限界集落・脇野沢村

青森県の陸奥湾の北端にある脇野沢村(現むつ市)は、人口二千人あまりの小さな村だった。この脇野沢村に一か月以上も滞在し、北限のニホンザルを取材した。サルの取材であるが、本当は過疎の村の現実を追った番組を作るという企画意図だった。

マサカリのように、陸奥湾に覆いかぶさる下北半島の突端の村、脇野沢村も高齢化が深刻な、いわゆる限界集落であった。狭い耕作地と細々と営みを続ける漁業で成り立っている村だった。この脇野沢村では一九八二(昭和五十七)年ごろ、野生のニホンザルを観光資源にした時期があった。当時は八十頭ほどのサルがいて、毎年全国から大勢の観光客が訪れていた。

それから十五年後、我々が取材した時点でのニホンザルは、五倍の四百頭近くになっていた。逆に村の人口は三分の二まで減少し、二千人ほどになっていた。その二割が六十五歳という高齢化が進む村になっていた。取材時から、さらに二十五年経った現在は、どうなっているのか気にかかる。

脇野沢村は、かって、マダラの大漁で沸いていた。しかし、温暖化の影響もあって、取材したころは、もうマダラは獲れなくなっていた。そんな脇野沢村には狭い耕地もあるが、痩せこけた畑からは、わずかの稲と野菜しか収穫できない。その少ない農作物を、北限のニホンザルが狙っていた。

村で高齢化が進むにつれ、里に出てくるサルは増えていった。時には老人を襲うこともあった。サルと人間の縄張り争いが繰り返されていた。村に棲むサルは約二百頭だが、年々増え続けていた。逆に、脇野沢の若者は、ほとんどが青森市内や東京に出て行き、残っているのは老人だけである。

脇野沢村の村はずれの海岸沿いに、蛸田という五世帯ほどが住む地区があった。壊れかけた地蔵堂のすぐ裏手で畑仕事をしていた老女に取材した。名前は杉沢ハナさん（当時八十三歳）、戦時中、青森市内で空襲に遭い、脇野沢村まで逃げてきて、村の男性と結婚したという。

息子が二人いたが長男は病死、次男は十年前、ハナさんの夫と二人で東京に出稼ぎに出たまま帰って来ないという。どこにも行きようがないので、この脇野沢で一生を終えたいという。

ハナさんも、サルに何度か襲われたことがあるという。しかし、畑を荒らされてもハナさんからサルへの怒りの表情は窺《うかが》えなかった。仕方のないことと言いたげな感じであった。今から二十五年も前の取材である。生きていれば、ハナさんは百八歳になるはずだが……。

畑の周りには、高圧電流の通った柵が設置されていた。しかし、効果はあったのは初めのうちだけで、サルは柵を飛び越えたり長い枝に飛びつき、やすやすと畑の作物を荒らしていた。

時には家の中まで入り込んで、台所を荒らすこともあった。見つけた住民が脅しても、老女とみるやサルは逆襲するほどだった。サルにしてみれば、動きの鈍い年老いた人間など問題視していない。逆に人間たちに対し、縄張りから出ていけと言わんばかりなのである。

我々取材班もサルの集団に何度か襲われたことがある。サルは動きの鈍い人間をすばやく見分けて襲いかかるのだ。取材班の場合、重いカメラを構えたカメラマンが何度か狙われた。厳しい北の自然を生き抜いたサルたちの方が、東京から取材にのこのこやってきた人間より、はるかに俊敏で威圧感があった。

報道特集で取材をしたのが一九九五(平成七)年。あれから二十五年が経ってしまったが、取材したお年寄りたちは、どうなったのだろうか。高齢化がさらに進んでいることは間違いない。最近は、乱暴なサルを定期的に捕獲し薬殺しているという報道があったが、二十五年を経てとうとうそこまで来てしまったかという感じである。

実は、サルは人間社会の弱点を見逃さない。もし村に若者が多く住んでいて、サルに警戒心を起こさせるほどの強い社会であれば、サルは、決して村に出没することはない。日本の過疎を象徴する下北半島の村に、サルたちは狙いを定めているのかもしれない。

脇野沢で初めてサルが発見されたのは、一九六〇(昭和三十五)年、それから四十年後には千頭のサルが生息するようになった。逆に二千人を上回っていた人口は、二〇二〇(令和二)年千四百人まで減少した。

世界で最北端に生息するニホンザルの適応力は驚異的である。下北のサルは海藻や岩肌にへばりつくカサ貝などをエサとして、厳しい冬でも生き延びている。限界集落といわれる人間社会に対し、サルたちの包囲網は狭まっている。サルの村に住む「北限の人間」と呼ばれる日が近いかもしれない。

青森取材で、もう一つ印象に残っているリポートが三内丸山縄文遺跡の取材だった。過疎に悩む青森県復権の旗印でもあった「三内丸山遺跡」は青森市中心部から南五キロほどの丘陵地にあった。県営野球場建設の途中で日本最大の巨大な縄文遺跡群が発見され、野球場はスタンドの一部が完成していたが、全面的に中止され遺跡発掘が始まっていた。今から四千二百年から六千年前の大規模集落群と見られていた。

最大の発見は直径三十五センチの六か所の大穴だった。三十センチほどの掘立柱六本で立ち上げられた三階建ての建物跡と推測された。集落には二百人ほどの縄文人が暮らしていたと見られている。当時は、今のように寒冷地ではなく、陸奥湾に鯨がいたとの推論もあった。海岸線も三内丸山付近に迫っていたのではないかという話も聞かれた。八甲田山の山裾が、なだらかに陸奥湾に滑り込むポジションは、縄文人の生活には最適の場所だったのかも知れない。縄文時代の繁栄を示すような埋蔵品も多く発見されていた。土の中からは新潟の糸魚川付近で採取されたらしい翡翠も多く発見されていた。海の幸や山の幸に恵まれた縄文時代の好適地だったのかもしれない。

この日本最大級の三内丸山遺跡の発見は、青森県民に大きな誇りをもたらしていた。六ヶ所村核燃料処理施設や、原子力船「むつ」の寄港地であったり、各県が嫌がる施設ばかり国から押し付けられ、暗いムードが漂っていたが、縄文時代の中心地に三内丸山が聳《そび》えていたということは、まさに青森にとって存在感の高まる嬉しい話だった。

青森での取材では、ATV青森テレビの服部寿人記者が、ずっと取材の段取りやらサポートをしてくれた。地方局出身の私に、ある種の仲間意識があったのかもしれない。その服部記者は、その後、富山のチューリップテレビに転職し、報道デスクとして活躍した。そして、議員の公金不正使用疑惑を追及したドキュメンタリー番組を制作、民間放送連盟賞など数多くの賞を受賞した。その作品を映画化した「はりぼて」は、地方議会の歪みにメスを入れた映画として、全国上映され高い評価を受けている。

第七蛭子丸の遺族

33 長崎・生月島の沈没船と、遺族

33 長崎・生月島の沈没船と、遺族

長崎県の平戸から、島伝いに大橋を渡って行くと、生月島《いきつきしま》という島に辿り着く。この島に、沈没船引き揚げ問題の取材で一か月近く滞在した。

沈没した漁船は、地元水産会社所属の「第七蛭子丸」八十トンで、一九九三(平成五)年二月二十一日午前○時二十二分、五島列島北西の東シナ海で強風にあおられ転覆した。当時、第七蛭子丸には二十人が乗船しており、一人が海に投げ出され救出されたが、残る十九人は水深百三十メートルの海底に沈んだままの船内に閉じ込められたままとなっていた。

沈没の原因は、喫水線をオーバーするほどの漁具の積載荷重や、甲板上の大量の魚網を固定していなかったため、荷崩れを起こしたことなどが挙げられていた。最終的には水産会社の管理姿勢が問われることとなった。

水産会社を運営していたのは、一族から農水大臣まで出していた長崎県でも有数の水産会社だった。その実力者の政治力で、平戸から生月島までは立派な橋も架けられ、白い橋と海が織りなす絶景は、歌謡曲「西海ブルース」の舞台でもあった。

十九人の遺体が海底の船内に残ったままだったが、遺族は会社側の和解案に強く反対することができなかった。十八人がしぶしぶ和解に応じた。

ただ遺族の中で、十九歳の長男を失った一軒だけが、船体の引き揚げが行われなければ、和解に応じないと会社側に抵抗していた。最終的には、最後の一軒も和解に応じることになるのだが、当時私は十九軒全ての遺族の家を訪問した。インタビュー収録は断られたが、全員会社側への恨みと沈没船の引き揚げを強く望んでいた。

遺族の一人、犠牲者の母親の墓参りに同行取材したことがあった。墓は生月港を見下ろす高台の上にあった。母親思いの二十一歳で亡くなった息子の話を聞いている時、港からスピーカーの音声が響き渡った。音が聞こえた途端、それまで冷静だった母親が、大声を出して泣き出した。

スピーカーから流れる音に耳をすますと、

「託送品のある方は港まで」

と繰り返している。つまり、遠く東シナ海で操業中の家族への差し入れを集めていた。

母親が、小声で呟いた。

「息子の好物を何度も持って行ったんよな……」

母親は、息子の好きな酒や菓子、ラーメンなどを毎回持って預けていたという。

その時の港を見下ろす母親の悲しそうな眼を忘れることができない。我々は、遺族の無念さを会社代表にぶつけたいと、取材を何度か申し込んだが、応じてもらえなかった。

当時、水産会社の役員が代表だったテレビ局にも行き、玄関口でぶら下がりインタビューにトライしたが、本人には無視され、まったく応じてもらえなかった。

長崎地方海難審判所は、満載喫水線順守が不十分だったことや、悪天候への対応が不十分だったと結論付けた。会社側の指導についても十分でなかったとの結論に至った。

遺族は判決に一応納得したが、犠牲者の遺体は、まだ百三十メートルの海底に沈んだままである。我々は、水中カメラで海底の様子も撮影したが、横たわった船体にびっしりと魚網が巻き付いていた。同じように他局のカメラも撮影を試みたのか、カメラに網が絡みついて浮上できないまま放置されていた。魚網の扱いの難しさも見せつけていた。

わずか百三十メートルほどの海底に沈んだ船体の引き揚げは、やろうと思えばやれないことはないと言うサルベージ業者もいたが、作業には踏み込めない。引き揚げ技術より、引き揚げさせない何か別の理由があるような気がしてならない。

グリコ事件で手配された「キツネ目の男」

34
「キツネ目の男」と「総会屋事件」を大阪に追う

34 「キツネ目の男」と「総会屋事件」を大阪に追う

そのころの「報道特集」では、どちらかというと政局ネタを扱う事が多かった。特に自社さ連立政権誕生や、細川護熙首相誕生などで、政治が大きなうねりを見せていた時でもあった。また金丸信自民党副総裁のヤミ献金問題なども明るみに出たころであった。

しかし、私は、理念でなく権力闘争に右往左往する、混迷の政治の世界より、社会ネタの方が肌に合っていたので、東京を離れ、大阪で次々起こる事件を追い掛けることが多かった。その方が性分に合っていたのかもしれない。大阪の事件には、常に人間臭いものを感じていた。

大阪で、迷宮入りの事件が二つあった。「偽造ニセ札事件」と「グリコ森永事件」である。

「偽造ニセ札事件」は、一九九三(平成五)年四月に、大阪市内などの両替機や自動販売機で、五百枚近い偽一万円札が見つかった事件だった。

また「グリコ森永事件」は、かい人21面相の登場などで世間を驚かせた事件だったが、一九九三(平成五)年三月二十一日に、江崎グリコ社長誘拐事件が時効を迎えるため、大特集を行った。

事件発生時、取材に当たっていたＭＢＳ毎日放送の寺田元記者と、江崎グリコ社長が監禁された水防倉庫からの中継を含めて、大々的に報道した。この事件については、もう入り込む余地もないほど推論や推測が出ていたが、犯人を特定する決め手は何も出て来ていなかった。

事件が起きたのは、一九八四（昭和五十九）年三月十八日午後九時ごろで、三人組の男が兵庫県西宮市の江崎勝久社長宅を襲い、うち二人が乱入、入浴中の江崎社長を裸のまま誘拐したものだった。

犯行グループは、グリコ本社に対し、身代金十億円と金塊百キロを要求した。誘拐された江崎社長はその後、摂津市の水防倉庫から自力で脱出したが、犯人は捕まらなかった。滋賀県内での身代金引き渡し現場での警察の失態で、当時の県警本部長が自殺するという、衝撃的な展開を見せた事件でもあった。

時効が迫る一九九三年冬、我々はグリコ発祥の地、佐賀県にも取材するなど、大掛かりな取材を展開した。犯人説については、北朝鮮工作員説や暴力団組織犯行説など、さまざまな推論が出たがどの推論も真犯人には届かなかった。

送られた犯人グループの音声テープも綿密に調べられた。テープから聞こえる機械音の分析から、大阪のダンボール製造会社が捜査対象になったこともあった。

最も有力な手掛かりは、警察が京都駅で目撃した「キツネ目の男」だった。

我々は、「キツネ目の男」の実物大の人形を作って、電車で京都駅まで運び、京都駅のホームの柱の陰に立てかけ、最後の証言集めにもトライした。しかし、結局、「報道特集」の放送までには、新たな情報は何も集まらなかった。

放送には出さなかったが、三十年近く経った今でも、非常に気になる人物がいる。

私は、当時あるアマチュア無線グループに狙いを定めていた。アマチュア無線が使用する周波数は、１４４メガヘルツ帯周辺だが、その帯域で１４５・９６など「９６」に当たる電波を使った「９６・クンロク」と言うグループだ。

現在のように、スマホ携帯が発達してないころの通信手段として、アマチュア無線は欠かせないものだった。アマチュア無線仲間には、通信愛好家など善良な市民が多いのだが、グループ同士の勢力争いや、つぶし合いなど暴力団まがいの過激なグループもあった。

私自身、当時無線で激しい喧嘩をしている無線内容を聞いたことがあった。警察をあざ笑うような駆け引きや、情報のやり取りについては、素早く対応できる無線の関与がなければ、不可能と感じていた。

我々は大阪市内の、さまざまなアマチュア無線関係者を訪ね歩いて情報を収集した。我々が当たった関係者は、他のマスコミが取材した形跡はまったくなかった。

私は、あるアマチュア無線愛好家グループに的を絞り込んで、取材を重ねていった。犯人グループは当時、警察の動きを正確につかんでいたが、警察内部に犯人グループに繋がる人物がいないとしたら、警察無線を全て傍受できるグループでないと、困難な犯行が多かったためである。

特に、名神高速道・栗東サービスエリア周辺での、金の引渡し現場での、犯人取り逃がし場面では、犯行グループが警察の動きを完全にキャッチしていたとしか考えられなかった。携帯電話も十分普及していない当時、犯人が機敏に警察の裏をかくためには、無線の存在は不可欠であるとみた。

多くの無線グループの中で、私は周波数「96」周辺に集まっていたグループ、「クンロク・グループ」の存在に辿り着いた。この「クンロク・グループ」の元メンバーは。事件発生から十年以上経った時点で、それぞれの道を歩んでいた。十人近いグループのメンバーが判明し、シラミ潰しに次々と訪ねていった。

メンバーの中心人物で、ある男の神戸市内のアパートに行ったが、何度訪ねても留守だった。さらにメンバーの中心人物が、大阪の東部、生駒山の近くで料理店を経営しているという情報をつかんだ。時効寸前になって、私は、その男の店を訪ねた。店の中に入って、店主と目と目が合った瞬間、「飛び上るほど驚いた。あの「キツネ目の男」にそっくりの顔をしていた。「キツネ目の男」は、この金の引き渡しが予定されていた、JR京都駅にいた男で、警察に唯一目撃された男だった。この目撃証言からポスターや人形が作られたが、結局犯人逮捕への有力情報には至らなかった。

私が会った「キツネ目の男」は、髪型も違い、手配書とはタイプの違うメガネをかけていたが、低い自信に満ち溢れた様子で、アマチュア無線「クンロク・グループ」のリーダーだった。「キツネ目の男」の可能性はゼロではないと思った。さらに近所で聞いた話では、時効の日、一九九四（平成六）年三月二十一日に「キツネ目の男」は料理店を新しく開店させるということであった。時効成立と同じ日に、店を新たに開店するというのは、ただ単に偶然なのだろうか。億単位の、巨額の示談金を手にしたともいわれる、犯人グループの一人が、時効を待って新しい人生に踏み出そうとしたのか。ただ単に偶然なのか、ドンぴしゃの推論なのか。神のみぞ知るである。

しかし、これは、あくまで私の推測に過ぎない。もし間違えれば、一市民にとんでもない疑いをかけることになり、名誉毀損にもなりかねない。後日、私は、その「キツネ目の男」を訪ね、事件には関係ない話を直接してみたが、低く響く声で自信に満ち溢れた男のような感じがした。もし、この男が犯人の一人であっても、時効直前に何かを話し出すとは思えなかった。

結局、この事件は、世間を騒がしただけで、かい人21面相の、

「くいもんの会社いびるの、もうやめや。悪党人生おもろいで」

の手紙で、全てが終息したのだった。

大阪の事件取材で、もう一つ忘れられないのが総会屋事件だった。

一九九二（平成四）年三月、暴力団対策法が施行されてから、警察は企業の総会屋や、暴力団への利益供与についての取り締まりを強化していた。しかし、そうした厳しい取り締まりにもかかわらず、弱みを握られた企業からの利益供与は無くならなかった。

一九九三（平成五）年には、ビールメーカーが四千六百万円。大手スーパーが二千七百四十万円と、巨額の供与が次々と発覚、企業側の関係者全員が逮捕された。

我々は、一連の供与事件の中から、四百万円余りを総会屋に手渡し逮捕されたある大手部品メーカーの総務部長に的を絞って、取材を開始することにした。

その総務部長は実名で報道されていたので、簡単に住所を割り出すことができた。彼は、逮捕後、会社もクビになっていた。自宅は奈良市の近鉄「奈良駅」から車で十五分ほどの住宅街にあった。

この元総務部長宅へ取材の申し込みに行ったが、最初は門前払いだった。私は奈良市内に宿を取り、毎日午前と午後に、この元総務部長宅を粘り強く訪ねた。

二日目には、玄関まで入れてくれ、話をすることができた。私は何故そんなに声を聞きたいのかなどを丁寧に説明した。

三日目になって、彼は会社への不満というか、恨みを漏らし始めた。総務部長として総会屋へ利益供与したのは、単独で判断したのではなく、会社のためにやったことだったと、噛み締めるように話した。逮捕されたことで、家族にも辛い思いをさせてしまったこと、裁判で執行猶予判決が出て復帰できるかと思っていたが、会社を辞めざるを得なかった。結局、会社のためにやったことだが、事件になった以上、関与した三人は退職ということになってしまった。

一週間近く奈良に滞在し総務部長とは、色々な話をすることになった。私の取材体験や、人生観について、総務部長も会社人間として四十年近く頑張り抜いたことや、家族のことなど、時折泣き出しそうな表情で、会社人間の悲哀さを話してくれた。

結局、総務部長は東京の公園で、カツラをつけた変装スタイルで、報道特集のインタビューに応えてくれることになった。

総会屋事件への経緯や、総会屋の手口など、さまざまな体験談を聞くことができた。最後に彼は、企業が存続する限り、企業が利益を追求していく限り、隠さなければならないことは多少出てくる。それが資本主義社会の裏の顔で、少しでも多くの利益を追求する企業の宿命であるとまで言い切った。

最近、ＣＳＲ・企業の社会的責任や、コンプライアンスが叫ばれているが、逮捕された総務部長の最後の言葉が、今も忘れられない。

彼の恨み節でもないだろうが。

35

阪神淡路大震災に見た被災者の苛立ち

神戸市長田区の震災現場

35 阪神淡路大震災に見た被災者の苛立ち

一九九五（平成七）年一月十七日、午前七時前、東京・調布のマンションで朝を迎えた私は、妻のただならぬ声で起こされた。居間のテレビが、恐ろしい映像を流し続けていた。高架の高速道路が横倒しになっている。空襲直後のように、街のあちらこちらが炎上していた。

テレビは、阪神地区での巨大地震の発生を速報していた。

「えらいことが起きたな」

まだ、寝ぼけ眼の私は、瞬きもせず次々と流される、被災地の映像を見詰め続けていた。

テレビに釘付けになって十分ほど経って、ＴＢＳ「報道特集」のデスクから電話が入ってきた。

「原さん、神戸に行ってください。大地震です。直下地震で、神戸が火の海になっています」

電話を切るやいなや、私は芦屋の妻の実家に電話を入れたが、まったくつながらなかった。さらに神戸東灘区の、妻の姉の家にも電話を入れたがつながらなかった。

妻が「どうしよう」という表情で私を見詰めている。

「よし、車で行こう。東名は混んでるかもしれないので、中央道を走ろう」

そう叫ぶと、すぐ我々は出発の準備に取り掛かった。取材にも行かなければならないが、芦屋の実家も倒れているかもしれない。父親は脳梗塞で西宮の病院に入院中なので、芦屋の家には年老いた母親が一人で暮らしている。もしかすると古い家なので倒壊するか、出火して大変なことになっているかもしれない。とりあえず高速道路で、大阪まで辿り着けば何とかなるだろう。

調布を出発したのは、起床して一時間後の午前八時。首都高速、中央道と車を飛ばした。その間も、ラジオが被災状況を、連続で伝えていた。

マグニチュード七・三は神戸で、芦屋・西宮で六、京都五、大阪・岡山などは四・〇と発表された。結局、後になって、神戸の震度は七と修正されたが、都市部の直下型地震で戦後最大の被害が予想されていた。

中央道は、比較的スムーズに走れた。名古屋を抜けるところまでは、渋滞もなく走ることができた。しかし、名神高速の彦根あたりから、渋滞で車が動かなくなってしまった。大渋滞である。結局、彦根を過ぎて最初のインターで高速道を外れ一般道を走った。どこをどう走ったかいまだに定かではないが、東京を出て十時間後の午後六時ごろになって、伊丹空港近くまで辿り着けた。その辺りは被害を受けた感じはなく、スーパーマーケットも開いていたので、できるだけ多くの生鮮品を買いあさった。すしやパン、目に入るものを大量に購入して車のトランクに詰め込んだ。

池田方面から西国街道を抜け、夙川あたりに来たところで、壊れた建物が見え始めた。車のヘッドライト以外は何の灯りもない。車を停めて耳を澄ましてみたが、住宅街はシーンと静まり返っていた。午後八時前後である、不気味なほど静まり返っている。完全に押し潰された家や、大きく傾いたアパートなど、完全に街は破壊されていた。暗くて全体が分からないが、大変な災害現場を車で走っていることだけは感じることができた。

もう三キロほど先の芦屋も、こんな風に破壊されていれば、妻の実家も崩れているかもしれない。助手席の妻が泣き出しそうな顔をしている。どんな状況になっていても、私自身はしっかりしていないといけないと気を引き締め直した。

車が芦屋市に入っても、倒れた家屋が続いていた。そして、実家のある岩園町に着いて、恐るおそる実家のある方向に車を近付けて行くと、見慣れた構えの建物が目に入った。完全倒壊はしていないが、相当傾いていた。玄関先に進みドアを開けようとしたが傾いているため開かない。仕方なく窓ガラスを割って中へ入ると、テレビの大きな音が聞こえてきた。テレビの前で、母親が放心したようにへたり込んでいた。生きていたんだ、よかったという一応の安堵感に包まれた。私はその母親を東灘区の姉のマンションに連れていき、買い集めた食料品を持ち込んだ。被災一日目の夜は終わろうとしていた。

あまりの大災害に、誰もが途方に暮れていた一日だった。地震発生からまる一日経った一月十八日朝、東京と連絡を取り、取材の段取りを打ち合わせた。とりあえず八尾空港に行き、そこから取材ヘリで、六甲アイランドへ行くということになった。

ヘリコプターが神戸に近付くと、何機もの取材ヘリが旋回していた。神戸市内からは、何本もの黒い煙が立ち上がっていた。恐ろしい光景でもあった。湾岸戦争で、イラク軍が火を付けた油田の炎と黒煙を思い出すような光景だった。やがてヘリコプターは、六甲アイランドへ着陸したが、液状化現象で泥だらけになっていた。

我々は、とりあえずポートアイランドホテルに宿を確保して市内への取材を始めた。岸壁も高速道路も建物も激しいダメージを受けていた。直下型地震の恐ろしさを見せ付けられた感じだった。市内の道路は破壊されていて、取材車もなかなか前へ進めなかったが、何とか長田区辺りまで辿り着いた。

菅原商店街は丸焼けになり、まだ燻《くすぶ》り続けていた。鉄骨は熱で曲がりくねっていた。住民たちは、呆然と焼け跡を見詰めているだけだった。その菅原商店街から、少し離れた焼け跡を撮影している時、突然大声の怒鳴り声が聞こえてきた。声と反対の方向を見ると、テレビ朝日の取材クルーがいた。中に鳥越俊太郎キャスターもいた。直接話はしたことがなかったが、お互い報道番組のキャスター同士ということで挨拶を交わした。そして、元の位置に戻ろうとすると、被災住民らしい中年男性が、スコップを振り上げて我々の方へ走ってこようとしていた。

「お前ら、どこのテレビ局や。その下に、わしの親父が埋まっとんねん。その上を歩くな」と凄い形相である。

我々は、まずい撮影をしたと思いながらも、逃げるようにその場を立ち去った。何があったか、その場の我々に詳しいことは分からなかったが、確かに大きな建物が倒壊し、全焼した瓦礫の上に立っていたが、その瓦礫の中には、まだ掘り出されていない遺体が、いくつも残っていたのだと分かった。

神戸での震災取材ではこうしたマスコミへの攻撃が多くみられた。一週間ほどして、東灘区の瓦礫を片付けている現場を撮影しようとしたら、中年男性が、いきなり瓦礫の中の、ブロック片を投げつけてきた。何かテレビ局を非難しているようだが意味不明、逃げるしかなかった。

また、タクシーを使用して取材していた時のことである。自転車を押していた中年女性が、突然自分の乗っていた自転車を放り投げて、車内の我々にまくし立てた。

「あんたらー、こんなえー車に乗って取材かな。被災者の我々が一生懸命、自転車を押して、ここまでやっと来たのに。あんたらーは、ラクしてええなあ。この自転車あげるから、私が車使うからな！」

相当疲れた感じの中年女性だったが、声は大きかった。

被災者も、最初は取材に応じてくれたが、時間が経つにつれ精神的に疲れも溜まり、マスコミに対しての風当たりが相当強くなってきた。学校の体育館など避難所でも、最初は簡単に取材させてくれたが、次第にマスコミを締め出すようになっていった。

逆に被災地取材でマスコミを大事にしてくれたのは、靴製造工場が立ち並ぶ長田区だった。ここには在日韓国人が多く住んでおり、近所同士が集まって、焚き火をしたり食事を作っており、温かい味噌汁などはマスコミにも分けてくれた。大災害に被災者にもかかわらず、彼らの元気のよい姿には驚かされたものだ。被災地では数多くの声を聞くことができた。

午前六時前、ほとんどの人は、夜明け前の、深い眠りの中にいた。ドーンという音で、部屋のテレビが、部屋の反対側の壁まで飛んで行った。二階に住んでいた住民が、飛び下りようと布団を道路に投げたが、布団が階下の道路に落ちていかない。よく見ると一階部分は崩れてしまい、二階の窓から道路に逃げたという。また、倒壊したビルの瓦礫の中で、自分の尿を呑みながら救助活動を待っていた男性もいた。阪神淡路大震災から十六年後の二〇一一(平成二十三)年三月十一日、巨大地震と大津波が東北地方を襲った。阪神淡路大震災と同じく寒い季節の震災で、被災者の苦しみも同じだった。しかし、東日本大震災の取材では、被災者が取材者を攻撃したという話は、耳に入ってこなかった。また、被災者の避難所での、大きな報道トラブルもなかった。厳しい自然と向き合ってきた東北の人々と、大都会神戸市で見た混乱の人々との差が気になった。

東日本大震災では、大津波が襲ってくる恐怖の映像が数多く残された。携帯電話の普及で多くの人々が映像を記録した。おそらく、人類が初めて正確に捉えた巨大津波映像だと考えられる。その映像から、人々は多くの教訓を得ることができた。少しでも早く高台に避難すべきという〈津波てんでんこ〉教訓が今後に生かされるに違いない。地震が発生したら海辺の人は、バラバラでいいから、高台を目指すべき。家族を探し、待っていたのでは大津波に巻き込まれてしまう。一分でも一秒でも、より早く近くの高台に逃げなければならないという教訓である。

そして現在、西日本でも巨大津波発生の可能性が高い、南海トラフ地震が心配されている。今後、三十年の間に、発生する確率は七〇パーセントと言われている。いつ大地震と大津波が襲ってきても不思議はない、秒読み段階なのだ。

災害は忘れたころにやって来る。

東日本大震災から、十年という月日が経った。

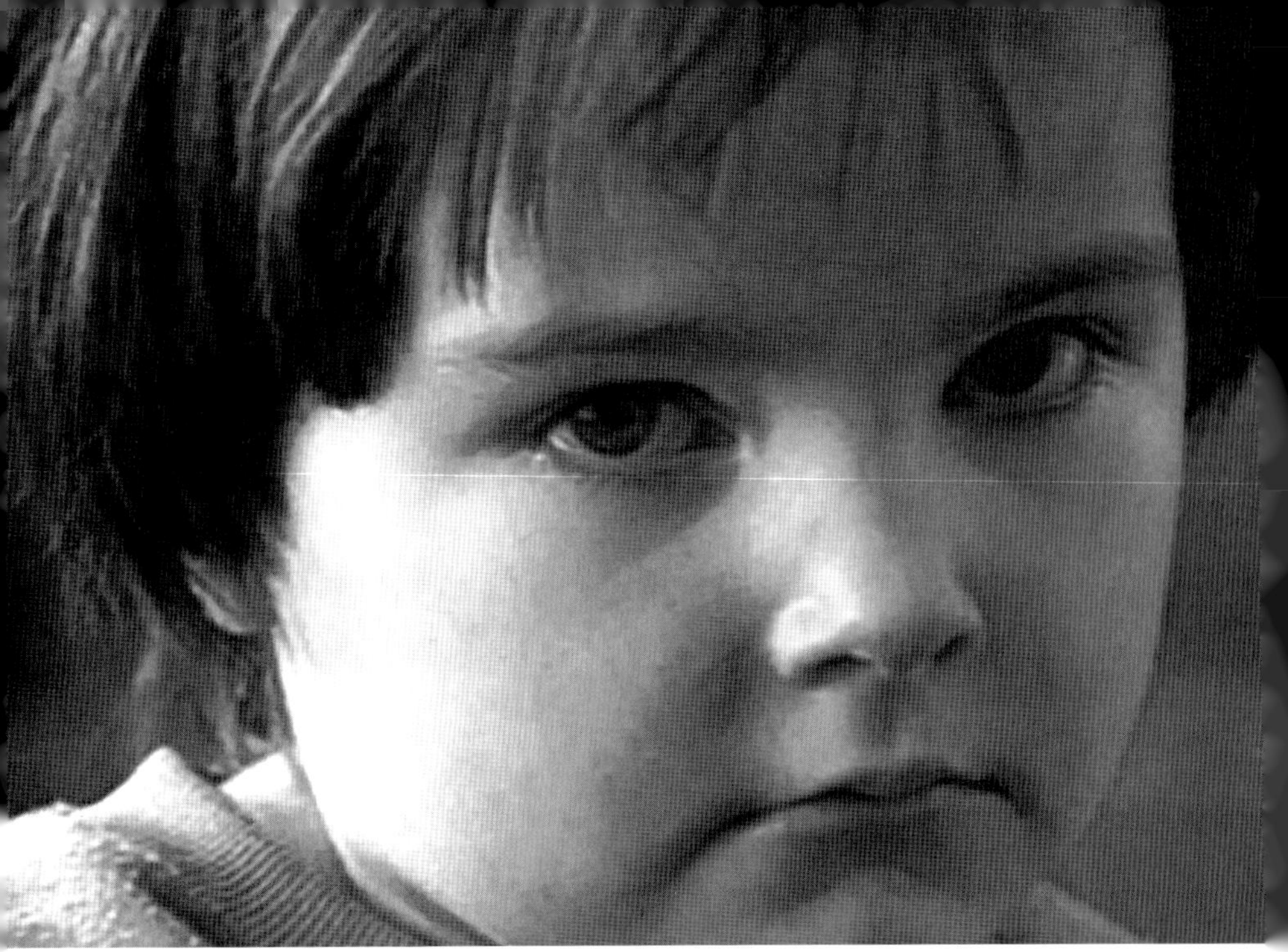
母親が銃撃された少女、セナーダ

笑わない少女セナーダとサラエボ銃撃戦

銃撃直後の写真（サラエボ・スナイパー通り）

36

36

笑わない少女セナーダとサラエボ銃撃戦

報道特集のキャスターを務めて丸二年。最後の取材は、春のサラエボだった。国連は、一九九五(平成七)年サラエボに国連軍を送り込み、セルビアの包囲網からサラエボを解放した。その解放直後のサラエボへの取材だった。

カメラマンは、湾岸戦争で共に取材したエジプト人のイブラヒム・バトゥートゥだ。ローマからクロアチアのスピリッツに飛び、国連の輸送機を待った。アドレア海沿いの美しい町スピリッツで、イブラヒムカメラマンと久しぶりの会話が弾んだ。

私はサラエボ取材を最後に、現場から身を引くことにしたと話したら、

「引退には早すぎる、カイロでチームを組んで取材を続けよう」

と言ってくれた。彼は、世界にはまだまだ多くの取材すべきことがあると言う。

その時イブラヒムはまだ三十歳になったばかり。しかし、私の方は、間もなく五十歳になるころで、体力的にも問題があると言ってはみたものの、現場取材に未練があることは確かだった。

岡山の山陽放送に戻って管理職をやりながら、後輩を育てていくというのも一つの生き方かも

しれないが、イブラヒムが言うように、日本人の目で見たことを、日本の言葉で伝えなければならない。そんな日本人記者のなすべきことは、まだまだ世界に多かった。

イブラヒムはその半年前のサラエボ取材中、セルビア側の銃弾を足に受け、ドイツ・フランクフルトの病院で快復したばかりだった。彼にしてみれば三度目の取材中の負傷だった。最初がカイロでのデモ取材中、二度目がアフガン紛争の取材中、そして、三度目がサラエボでの銃弾だった。サラエボには国連軍が入っているとはいえ、完全な停戦状態ではなかった。私自身は、そんな状況のサラエボ行きに緊張し腰も引けていたが、イブラヒムの方は、サラエボに新しい恋人がいるということで、ワクワクと楽しそうな雰囲気だった。


スピリッツに一泊した翌日、我々は国連の用意した〈C30大型輸送機〉でサラエボ空港を目指した。スピリッツからサラエボまでは約二百キロ、三十分ほどの距離で、輸送機は低空飛行のままサラエボに向かい、雪のサラエボ空港に着陸した。空港ではマスコミ用の防弾チョッキとヘルメットが用意されていた。まだセルビア側のスナイパーによる銃撃が続いているとのことだった。国連軍の用意してくれた装甲車に乗せられ、サラエボ中心部に向かった。

サラエボは、もともとトルコ語で「城のある盆地」という意味で、周囲を千五百メートル級の山々に囲まれていた。一九八四(昭和五十九)年には、第十四回冬季オリンピックが開催された美しい町である。しかし、ボスニア紛争が勃発すると、セルビア軍が周囲の山並みを占拠し、盆地の町サラエボを攻撃し続けた。攻撃する側にしてみれば、最高の地勢であった。

特に、セルビア側の射撃手によるスナイパー射撃は、三年近く続けられ、一万人以上の市民が犠牲になっていた。平和の祭典、冬季オリンピックのメイン会場だった競技場のグラウンドは、犠牲者の墓地に変わっていた。街の中に進むと、夥《おびただ》しい銃弾や砲撃の跡が見られた。弾痕のないビルはないほどだった。我々は、市の中心部から西に寄った、トルコ系住民が多く暮らす地区の、イブラヒムの恋人ルナの家に投宿することになった。

サラエボは、さまざまな人種が同居するコスモポリタンな町だった。トルコ系、ユダヤ系、クロアチア系など、五つの民族が仲良く暮らす町だった。

アラブ風の美人顔のルナは、年老いた両親と暮らしていた。兄が二人いたが、どちらも戦争で命を落としていた。私は、日本から土産で持ってきた携帯ラジオを、父親にプレゼントした。父親は、嬉しそうに、日本製ラジオを見詰めていた。アラブ系の顔つきで、優しそうな人物だった。おそらく紛争で辛い体験を積み重ねてきたのだろう、ふと悲しい表情を見せることがあった。

イブラヒムは、前回の取材時、ルナに結婚を申し込んでいた。両親も結婚を認めており、サラエボ取材が終われば、二人でエジプトに行き、新生活を始める予定だった。しかし、ルナの方は、エジプト行きを若干ためらっている風でもあった。初めてのエジプト行きに不安があったのかもしれない。

夜になって床に就くと、いきなり砲撃音が聞こえてきた。距離は離れているらしいが、何発も聞こえ、不気味な感じがした。また、機関銃の射撃音ような音も聞こえてきた。しかし、家の人は騒ぐ様子もなく落ち着いていた。紛争は、まだ完全に終結していなかった。

次の日、我々は、スナイパー通りと呼ばれる、町の中心地・ボスネ通りに出掛けた。市民の話では、セルビア側からの狙撃は、完全に終わってはいないということだった。国連軍が入った後の一か月前も、歯医者に行った帰りの母子が銃撃を受け、母親が即死したというのである。そばにいた少年は、助かったというので、我々は少年の家を訪ねることにした。

少年はサニンという名前で十一歳だった。事件後はショックを受けていたサニンだったが、すでに立ち直っていた。しかし、父親の話では、妹の三歳になる長女セナーダが変わってしまい、笑わなくなってしまったと悲しんでいた。やさしかった母親が、目の前で、こめかみに銃弾を受け、その場で即死してしまった。三歳のセナーダにとって、何が何だか分からないまま、母親が忽然と自分の前から消え去ったのだ。兄のサニンがセナーダに優しく話し掛けるが、まったくの無表情だった。まるで黙ったままの、蝋人形のような感じだった。

イブラヒムも私も暗い気分のまま、宿泊先のルナの家に帰った。しかし、二人ともセナーダの悲しい表情が気になって仕方ない。夜の食事時、セナーダの話になった時、ルナがある情報を町で聞いた。フランスから、笑いを運ぶクラウン隊がサラエボにやってくるという。ピエロの慰問団が、戦争で傷ついた世界の子ども達に、笑いを取り戻す活動を続けていた。私とイブラヒムは、ほぼ同時に、クラウン隊の一人をセナーダの家に連れて行こうという提案をした。

次の日、一人のピエロが、我々と一緒にセナーダの家に行ってくれることになった。そして、派手な衣装で身を包んだピエロと、我々三人がセナーダの家を訪れた。セナーダの家の広いリビングで、ピエロは投げ輪やトランプを使って面白おかしく芸を披露した。ピエロのおかしな仕草に、我々も兄のサニンも父親も大笑いしたのだが、肝心のセナーダは、大きな目を開いたまま、まったく笑う気配もなかった。

ピエロが、さらに面白い芸を見せて笑わせようとするのだが、気まずい空気が流れるだけで、セナーダの表情は変わらなかった。イブラヒムも何とか笑顔を撮りたいと、カメラを向けたままなのだが、一瞬の笑顔すら見せてはくれなかった。

我々は、二時間ほど経ったころ、ついに諦め帰ることにした。ピエロ役のフランス人男性も、相当ショックを受けているようだった。そして三人が車に乗って出発しようとして、最後に家の方を振り返ると、二階の窓越しからセナーダが、我々をじっと見詰めていた。我々は車をスタートさせずにいたが、セナーダはじっと見詰めている。

突然、ピエロが車の後部座席のドアを開け、転がりながら飛び出した。そして、泥水のたまった道路で、転がったり跳ねたり、おかしな仕草を繰り返した。泥まみれのピエロを見て、セナーダが、微かに笑った。ピエロは、さらに尻を振りながら、噴き出しそうな仕草を繰り返した。セナーダが、かすかな笑みを浮かべた。確かに笑っている。母親を失った、暗い悲しみのトンネルから抜け出てくれたのかもしれない。イブラヒムはセナーダの、窓越しの笑顔を撮り続けていた。

やっと笑ってくれた三歳のセナーダも生きていれば三十歳ほどになる。その後、どんな人生を歩んだのだろうか。どんな女性になっているのだろう。もしかしたら、結婚して幸せに暮らしているかもしれない。サラエボのシンボル「リリアン」の白い花のように、清楚な幸せな人生を送っていることを願った。

サラエボでの取材を終え、イブラヒムと婚約者ルナ、そして私の三人は、国連の装甲車に乗っ

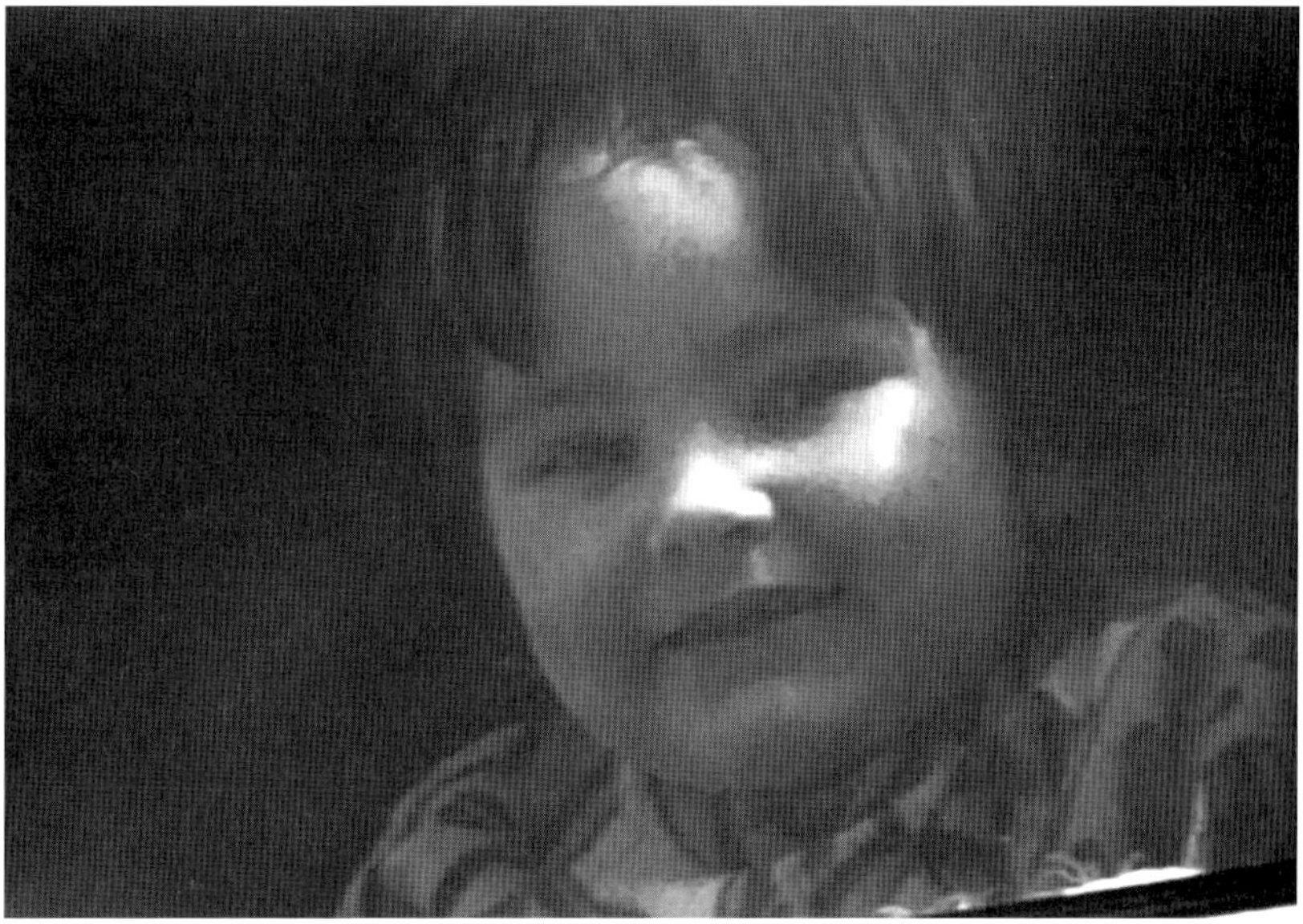

笑みを浮かべた「セナーダ」

てサラエボ空港に向かった。ルナは装甲車の小さな窓から、残雪のサラエボの山をじっと眺めていた。何か思い詰めたような表情にも見えた。

車はやがてサラエボ空港に到着、我々は、出国手続きのため通関前の列に並んだ。手続きの順番が、我々に回ってくる直前になって、突然ルナがしゃがみこんで泣き出した。

イブラヒムが小声で懸命に説得していたが、彼女は首を横に振るだけで大声を出して泣き出してしまった。どうやら、サラエボから離れることができないとイブラヒムに訴えているようだった。イブラヒムと一緒にエジプトに行き結婚したいが、まだ紛争が完全終結していないサラエボに年老いた両親を残しては行けないと言う。両親にしてみれば、戦争で息子を二人も失い、娘も国を出て行くのだから、耐えられないほどの寂しい老後になってしまう。ルナの将来のことを考えて、サラエボから出て行くことを認めた両親だが、その日の朝の父親の目は涙で潤んでいた。

結局イブラヒムは、彼女をエジプトへ連れて行くことを諦めた。国連輸送機のタラップに向かう我々二人を、ルナは悲しそうな表情で、いつまでも見詰めていたのが印象的だった。その後、二人の再会は実現することはなかった。

「報道特集」では、「セナーダの笑顔」だけをリポートしたが、本当はセナーダとルナ、サラエボの二人の女性の悲しみをリポートしたかった。

結局、このリポート「サラエボの春」は、私の報道現場での最後のリポートになってしまった。

37 選挙報道の落とし穴

当選の石井事務所

37 選挙報道の落とし穴

地方局の報道にとって、選挙報道は最も大事な速報と言えるかもしれない。地域発展の担い手となる人物を選挙で選ぶのである。民主主義の根幹でもある選挙が、公正に行われ、有権者の一票一票が正確にカウントされ、結果を速報することは放送の使命でもある。

選挙速報は、放送局の力量が試される場でもある。いかに早く、いかに正確に速報するかが、局の真価を左右すると言っても過言ではない。どの候補の政策・マニフェストが有権者に理解され期待されているのか。投票前から緻密な情報分析を行い、選挙速報の参考にする。電話アンケートや、担当記者の報告が集約されて、情勢分析を何度も行う。

投票当日も出口調査を実施し、候補者の得票状況を見極めていく。事前調査で大差がついていれば、厳しい選挙報道にはならない。開票が始まって、仕分け作業開始と同時に「当選確実」の報道が可能となる。しかし、二大政党時代に突入してからは、地元でも大接戦の地方選挙が多くなってきた。

当確情報を出すかどうかの判断は、通常、報道部長の判断であり、全ての責任を取らなければならない。この当確速報の打ち間違いで、報道現場から消えて行った報道部長も多い。ゆっくり当選確実の情報を出せば問題ないのだが、早く当確を打つことに、局の威信が懸かっている。エリアで一番最初に当選確実を出した局の記者かアナウンサーが、当選者の代表インタビューを仕切れる。このことも過剰な当確競争の大きな要因となっている。

私が経験した選挙で、もっとも神経をすり減らした選挙が、一九九六(平成八)年の岡山県知事選だった。三人が出馬したが、事実上、石井正弘前建設大臣官房審議官と、新進党の江田五月候補の一騎打ちだった。江田候補は元科学技術庁長官で知名度もあったが、石井正弘候補は県内で無名だった。

選挙に強い江田候補の独走状態で選挙戦は進められた。事前の電話調査でも江田候補の支持は圧倒的で、石井苦戦の流れは、選挙戦終盤まで変わることはなかった。そして投票日前日の各マスコミの電話調査でも、江田圧勝の結果が出た。おそらく開票開始直後に、江田候補の当選確実が出るという見方が圧倒的だった。江田陣営も手応えを感じていたのか、投票日前夜には圧勝ムードに包まれていた。

しかし、選挙は怖い。投票日の前夜から、保守陣営の必死の巻き返しが始まっていた。どのマスコミの調査でも十ポイントは離れており、誰の目にも江田圧勝としか見えなかった。そして投票当日は、各社の出口調査が実施された。午前中は、県内どこの投票所の出口調査でも江田圧勝の流れは変わらなかった。

しかし、午後になって、不気味な空気が流れ始めていた。石井候補が、予想以上の票を積み上げ始めた。午後だけを見ると、ほぼ互角である。もしこのまま石井候補が票を伸ばせば、並んでしまう勢いだ。保守陣営の死に物狂いの動員が始まっていたに違いない。前知事の長野士郎知事は六期二十四年にわたり岡山県の舵取りを担ってきた。革新からの批判を受けながらも吉備高原都市開発、苫田ダム建設を進めてきた。そんな岡山県に革新知事が誕生すれば、今後の開発計画も大幅に見直される可能性もある。保守陣営としては、何としても勝利したい、死にもの狂いの選挙だった。

投票時間は午後八時まで。巻き返しの時間は十分あった。一週間前には総選挙も実施されており、国政選挙での保守圧勝の流れの中で、石井陣営に有利な材料もあった。結局、出口調査は、予定の回数を上回る追加調査を実施したが、両候補の得票予想は完全に誤差の範囲内で、互角の状態のまま開票時間に突入した。

当日の岡山県下の有効投票数は、約九十万票。出口調査の結果から、差が出ても三万票前後と見られていた。岡山県の場合、開票結果は県北の郡部から結果が発表される。どの市町村も石井候補の票が上回っていた。もともと保守が強い郡部であるから、当然と言えば当然なのだが、江田の票が、それほど伸びていない。結局、岡山・倉敷の、大票田の結果次第という流れになってきた。

午後十時前後になって、岡山・倉敷の大票田の開票が始まった。しかし、石井三十五万票に対し、江田三十六万票と、まったくの接戦状態であった。そして、午後十一時過ぎ、残るは岡山市の残票次第ということになった。

開票所の、テーブルの上に積み上げられた票の束を、記者達が双眼鏡を駆使して読み上げていく。

「江田に五百が積み上げられた」

「石井に六百が積み上げられた」

現場から本社報道デスクに、集票の情報が次々と入ってきた。

そして、最後の最後、残票を全て江田に積み上げても、石井の票に届かないという分析結果になった。

石井の当選確実であるが、もし現場で、ひと束でも間違えてカウントしていたら、まったく逆の結果になる可能性もあった。その時点で当確を打てば、ＲＳＫがトップの当確である。「選挙に強い山陽放送」の威信は高まる。

もし逆に、江田候補が当選してしまえば、私は責任を取って処分を受け、報道部長の座を失うことになる。誤当確の汚名も着せられることになる。さあどうする。報道フロアの四十人全員が、作業の手を止め、私の最後の判断を待っている。私が判断を遅らせてしまえば、ＮＨＫが先に当確を打ってくる可能性もある。いわば博打打ちのような心境でもあった。

三十秒ほど迷って、私は、開票所からの記者の報告を、全面的に信頼するしかないと結論を出し、

シーンとしていた報道フロアで、

「石井に当確！」

と、大声で叫んだ。

即座に、テレビ画面に「石井正弘氏が当選確実」の速報スーパーが流れた。もう引き返すことはできない。一か八かである。その時点で石井陣営の事務所は大騒ぎになっていたはずである。負けて、もともと言われていた選挙に逆転勝利したのである。

石井陣営からの中継映像を見ると、支持者が肩を抱き合って喜んでいる。目頭を押さえる支持者もいた。万歳の格好をした支持者も見える。そんな映像を見ながら、私は恐ろしいことを考えた。もし誤報だったら、こうして喜び合っている人たちに、何とお詫びすればいいのだろうか。途方もない不安が私の頭の中をめぐった。

ＲＳＫが当選確実の速報スーパーを流して一分過ぎても、どこの局も追随してこない。おかしい。何故、ＮＨＫが当確を打たないのだろうか。こちらが間違えたのだろうか。ＯＨＫもＲＮＣもＫＳＢもＴＳＣも民放各局の画面に何の変化もない。

二分が経過した。どこの局も当確を打ってこない。恐ろしいほど長い時間だった。頭がしびれてきそうな時間だ。肝心の石井陣営事務所でも、おかしいという空気に包まれ始めていた。ＲＳＫだけ当確を打って、ほかの局はどこも打たない。その時、スタジオで解説ゲストとして出演していたＴＢＳの平本和生報道局長も、小声で

「原が打ち間違えたかもしれない」

とスタッフに囁いていた。

ＲＳＫが当確速報を流して三分が経ってしまった。私はスタジオロビーで煙草に火を付けた。一服吸いこんで、ＮＨＫのテレビ画面を見ると、突然「石井正弘候補に当選確実」のスーパー速報が出た。その後、ＯＨＫなど民放各局も、同じ速報を次々と出した。ＲＳＫが速報してＮＨＫが速報するまでは、わずか三分間だったが、私にとっては、人生で最も長い三分間だったような気がした。生きた心地がしなかったというのが本音だった。

結局、石井候補と江田候補の差は五千七百票の大接戦だった。九十万票の有効投票数での五千七百票である。開票所の報道部員の票読みは正確だった。石井候補初当選の喜びのインタビューは、ＲＳＫのアナウンサーが誇らしげに進めていた。各局のテレビ画面から、我が社のアナウンサーの声が流れていた。

この一九九六(平成八)年の知事選では、他局を凌駕した選挙報道だったが、それから九年後、私は報道部長ではなかったが、二〇〇五(平成十七)年夏に実施された、第四十四回衆議院選挙の岡山二区の選挙速報では、辛酸を舐めることになった。

この岡山二区には、民主党から二回目の当選を目指す津村啓介氏と、岡山市長を突然辞職し出馬した萩原誠司氏、そしてもう一人の三人の戦いだった。事実上、津村・萩原の一騎打ちとなっていた。事前の電話調査では、萩原が三ポイントから四ポイント津村をリードしていた。しかし、当日の出口調査では、ほぼ互角の結果となっていたため、開票所に当てられていた富山中学校体育館に社員六人、アルバイト一人を派遣し、慎重に見守ることにした。

開票結果は刻々と報道部に寄せられてきた。一回目、萩原・三万五千五百票（七十一束）、津村・二万五百票（四十一束）、二回目　萩原・一万四千五百票（二十九束）、津村・一万票（二十束）と、予想通り萩原が票を伸ばし、津村に差をつけていた。そして、最終的に、萩原・六万五百票（百二十一束）津村・五万六千票（百十二束）という数字が報告されてきた。

この結果を受け、報道部では、もう残りの票を全て津村に乗せても、萩原には届かないと判断し当確を打とうとしていた。開票所からの票数報告は間違いないだろうか、という声も報道フロアにはあったが、開票所からの報告を信ずるしかないという声に押され、当選確実のスーパーを出した。

しかし、スーパー速報の五分後、信じられない緊急電話が開票所から入ってきた。

「九束、萩原に間違えて積み上げていた」

という連絡だった。

九束四千五百票を津村に乗せて、萩原から九束引けば、津村が圧勝である。完全に誤当確である。

結局、津村氏が選挙区で勝ち、萩原氏は中国比例区で復活当選した。どちらも当選したが、誤当確は、我が社の報道始まって以来のミスということで、報道デスクは厳しい処分を受けることになった。知事選での勝利は雲散霧消してしまい、改めて選挙報道の怖さを思い知らされた。

悪いことは続くもので、二〇一七（平成二十九）年の備前市長選挙では、とんでもない誤当確を放送してしまった。こちらの場合は、落選市長にバンザイをさせてしまっていた。

現職有利で選挙戦が進められていたが、結果は、現職候補が六千三百八十票に対し新人候補は六千五百三十八票と百五十八票差で現職落選だった。

午後七時五十分の一回目の発表では両候補二百票ずつで並び、午後八時十分の二回目の発表では、新人四千六百票に対し現職は三千六百票と新人優勢と伝えられた。さらに午後八時三十分の三回目の最終発表では、新人六千五百三十八票に対し現職は六千三百八十票と百五十八票差で負けてしまったのだった。

こうした流れの中で、何故現職に間違えた当選確実を速報してしまったのか、その後検証したが、選挙担当者の現職の圧倒的有利の事前情報を払拭できないまま終わったとしか考えられなかった。この誤当確で担当局長と私は責任を取った。開局以来、当確ミスのなかったＲＳＫ報道だが、この誤当確は大きな痛手だった。

後で報道部員が一人もまともな現地取材をしていないことが判明した。事前情報で現職が圧倒的な強みという情報を鵜呑みにしていた。誠にお粗末な話である。結局、当時の報道局長と社長が辞任というかたちで責任を取ることになった。この市長選挙は現職・新人の一騎打ちではなく、途中から第三の候補が参戦したことで票の流れが複雑になっていた。しかし、いくら接戦の選挙であっても現地取材をやっていれば、新人候補が勢いをつけているのは分かるはずだ。取材の基本姿勢が欠如していたとしか考えられない。

かつては、「選挙のＲＳＫ」とも呼ばれていたが、再び「選挙のＲＳＫ」と呼ばれるまでは、最低でも五十年かかる。それから四年が過ぎたが、この四年間でローカル・ニュースの視聴率が最低になってしまった。ニュースに対する信頼性が失われたのかもしれない。

長年積み上げてきたものが壊れてしまうのは、一瞬の緩みだ。報道番組が視聴者からの信頼感を失えば、視聴率は伸びない。見られないニュースになってしまう。ニュース番組に派手さや賑やかさは不要だ。ただただ信頼感のあるニュースをコツコツと実直に放送することが最も大切なことだ。

備前市・八塔寺ふるさと村

38 報道デスク時代と産廃訴訟

38 報道デスク時代と産廃訴訟

岡山県東部の、和気郡吉永町（現備前市）への産廃処分場建設問題の報道内容が、裁判に持ち込まれた。山陽放送は、この産廃処分場建設問題を度々報道してきたが、一連の報道の中で、たった一行の原稿に、産廃業者が噛み付いてきた。

産廃処分場の建設計画を進めていたのは、奈良県下に本社を置く産廃処理会社だ。関西地区で出る大量の産業廃物を処理し、業績を上げている企業だった。岡山県での処分場建設は、数年前から地元に関連企業を立ち上げ計画を進めていた。周辺町長なども巻き込んで着々と事業を進めていた。

これに反対の狼煙を上げたのが、吉永町長と住民たちだ。八塔寺ふるさと村などが整備された自然豊かな山間に、巨大な産廃処分場を建設しようという計画だ。処分場には、関西方面から産業廃棄物を大量に運び込んで埋めてしまおうという、巨大プロジェクトで、地元の意向をまったく無視した計画だった。

住民は、建設反対の町長や、議員を選出し、徹底した反対運動を展開した。そんな中、放送されたある日のニュース原稿に会社側がクレームを付けてきた。それは、奈良県が出したある処分場の環境汚染データに関するもので、データの不確かな部分を我々が、断定的に原稿にしたというものだった。同じような報道をした他の放送局と我々に対し、正式に損害賠償請求を起こしてきた。

莫大な利権を生み出すかもしれない、産廃処分場建設の方向性を決定づける裁判でもある。会社側は、百戦錬磨の関西の顧問弁護士を仕立て裁判に臨んだ。我々も顧問弁護士と共に裁判に臨んだ。社を代表して、当時報道局次長だった私も証言台に立たされた。

裁判は一年近くにわたったが、我々の敗訴に終わり、上告も棄却された。結局、三十万円ほどの損害賠償を命じられたのだが、その後も住民たちの建設反対運動は続けられ、結局産廃処分場建設は撤回され、吉永町の建設予定地は、以前のままの美しい自然が残されたままになっている。

この民事訴訟で、私は奈良県下の産廃処理会社の実態を知りたいと、処分場を、一人でこっそり訪れ調査した。小高い山裾に処分場は作られていた。処分場の近くで暮らす住民の声や、処分場から流れる川の状況、水質検査のための採水なども行った。

近くでインタビューした住民の一人は、処分場ができて環境が極端に悪化したことなどを切々と訴えた。その住民は牧場の経営者だったが、インタビューを放送した直後、本人から自分の言ったことは取り消してほしいとの緊急連絡が入った。おそらく、業者の関係者が圧力をかけてきたものと考えられた。また、ある時は大阪の暴力団まがいの右翼の幹部が、黒塗りの車数台で我が社に乗り込み、幹部が大声でわめき散らすなど、プレッシャーをかけ続けてきた。採取した水からは、鉛などの重金属も検出された。また、その産廃処分場下流の川岸はまっ茶色に変色しており、環境への深刻な影響をうかがわせた。

裁判の敗訴を受け、私は立場上、社内処分を受けることになったが、何よりうれしかったのは、吉永町への産廃処分場計画が消えてしまったことだ。

ＴＢＳのオウム真理教問題が一九九五(平成七)年に起きてからの、テレビ報道に対する世間の風当たりは、相当厳しいものになっていた。

また宇和島水産高校の実習船沈没事故での、マスコミの遺族への集中取材「メディア・スクラム」が社会問題となるなど、報道倫理の問題が大きくクローズアップされていた時期でもあった。そんな中、常に報道姿勢や報道倫理が問題視され、社会から厳しい目が向けられていた。そんな逆風下での産廃訴訟でもあった。

コンサート「救え! 戦場のこどもたち」

39

世界の子どもを救え!
ピース・フォー・ザ・チルドレン

39
世界の子どもを救え！
ピース・フォー・ザ・チルドレン

岡山に本部を置く、ＡＭＤＡ・アジア医師連絡協議会の菅波茂代表は、ある講演会でこう語った。

「岡山には、福祉の精神的風土がある」

広島出身で、岡山大学医学部の卒業生でもある菅波代表の一言が、岡山での福祉の歴史を思い起こさせた。


倉敷紡績の大原孫三郎は、宮崎県高鍋出身の石井十次の博愛精神に心を引かれ、岡山孤児院創設に全面支援した。一八八七（明治二十）年、石井十次は三人の孤児を保護して岡山市門田屋敷の三友寺に、初めて孤児院を創設した。その後、一八九一（明治二十四）年には、愛知・岐阜を襲った濃尾地震の震災孤児九十三人を保護した。そして、一九〇六（明治三十九）年には、岩手、宮城、福島で大凶作と飢饉が起き、多くの孤児が出たことから、石井十次自らが東北に出かけ、孤児を探し出しては集め救済にあたった。結局、八百二十四人もの孤児を、何便かに分けて岡山へ連れて帰った。

そうした石井十次の活動に、岡山の多くの人たちが協力した。その中には、社会鍋で知られる救世軍を設立した山室軍平や、福田英子などがいた。明治時代のそうした、救済や慈善事業の流れは、全国的にも珍しく、岡山の特徴的な動きでもあった。

その福祉精神は、昭和の時代にも引き継がれ、川﨑祐宣医師の社会福祉法人「旭川荘」の創設などにも繋がっていく。また福祉県岡山を目指した三木行治岡山県知事は、日本で初めてマグサイサイ賞を受賞するなど、福祉県・岡山の名は、日本国内だけでなく、アジアや世界へも届くようになっていった。

そんな岡山に、一九五三(昭和二十八)年、民間放送として産声を上げたのが山陽放送だ。山陽放送は、「地域の発展と共に」を創業の精神とし、地域の人々の幸せや、福祉向上のための事業にも、積極的に取り組んできた。その一つが、重度心身障害児童への支援活動でもあった。

旭川荘にRSK記念病棟を建設したり、福祉車両RSK号を寄贈するなど支援した。また、寄付金を集めるための、チャリティー映画試写会なども実施してきた。そして、最近では二〇〇三(平成十五)年から「世界の子どもたちを救済しよう」と、「ピース・フォー・ザ・チルドレン」というキャンペーンも展開してきた。

一地方局である山陽放送が、世界の紛争地や、飢餓で苦しむ子どもたちを救おうと企画したキャンペーンだが、「AMDA」や「ケア・フレンズ」、香川の「セカンド・ハンド」など、多くの民間団体からの支援が寄せられた。また県内の高校生たちも、キャンペーンの趣旨に賛同し、街頭に立って、募金活動などに協力してくれた。

山陽放送は、三十年前からエジプトの首都カイロに支局を持ち、アラブ地域での紛争や飢餓を、度々取材しており、弱い立場の子どもたちが、次々と犠牲になっていく光景を目撃してきた。そうした世界の苦しむ人々のことを、平和日本の人たちに、少しでも伝えていきたいという思いから、キャンペーンはスタートされた。

我々の活動を知った、評論家の残間里江子さんは、

「営利主義に走り、批判され続けている民間放送局の、新しい挑戦にエールを送りたい。この運動は、最低でも十年は続けて下さい。続けることに意味があるのです」

と、声援の論評をくれた。

日本はODAなど、国際支援をする側の代表国として、これまで世界への支援を続けてきた。青年海外協力隊の派遣など、人的支援策も積極的に進めてきた。いわば送る側であったのだが、二〇一一(平成二十三)年の東日本大地震の大きな被害に対しては、逆に世界から励ましのメッセージが送られてきた。日本から遠く離れた小さな国からも、感動的な支援メッセージが届けられた。

こうした世界の励ましの声は、「どんなになっても、日本を見捨てない」という声で、被災者を勇気づけたに違いない。支援を送り続けた日本が、送られる側に立って、初めて理解できたの

が国際支援だとも考えられる。ＡＭＤＡの菅波代表は、緊急支援の現地で、最も強く伝えなければならないのは「世界は、あなた方を見捨てていませんよ」というメッセージだと話してくれた。

紛争や戦争、自然災害で、瀕死の状態にある人々は、確かに世界から見捨てられてしまったと思うかもしれない。そう思い込んでしまった瞬間から、復興への意欲は消え失せてしまうのかもしれない。そうした意味で、我々が続けてきたキャンペーンは、意味あるものだと思っていた。しかし、残念ながら、そんな思いで続けてきた「ピース・フォー・ザ・チルドレン」のキャンペーンだったが、さまざまな社内事情と当時の経営判断で、止めざるを得ないことになってしまった。

こうした福祉活動は、経済が冷え込んだり混乱すると、後回しになってしまうが、放送局は、経済活動優先ではないという放送人の一分として、継続すべきだったと反省している。

明治時代、まだまだ社会全体が豊かではなかった時代に、飢餓で苦しむ東北の孤児たちを一人でも多く救おうとした石井十次の精神は、我々が今後も後世に伝えていかなければいけないと改めて考える。

世界で救援を求めている地域は、現在も多く存在する。私も五十万人が飢餓で苦しむエチオピア・オガデン高原や、トルコ政府に追い立てられたクルド難民、多国籍軍の攻撃で疲弊したバグダットを取材したが、現地に入ってみると、どこの地域でも、世界各国から救援物資が送られていた。しかし、救援物資が、本当に難民や飢餓民のために役立っているかというと、現実は違っていた。イラクの首都バグダットの病院には、日本からも大量の薬が送られていた。しかし、薬の箱には日本語の製品名や説明文しかなく、ダンボールに入れられたままの薬が廊下に山積みにされていた。必要な薬品もあるのだが、アラビア語の詳しい説明がないと危険な場合も想定され、全く使用されていなかった。

トルコ東部のクルディスタン地区の難民キャンプを取材したことがあった。百万人に近いクルド難民が、ハッカリ地区の寒い山中にテントを張って避難していた。我々が取材を始めて間もなく、アメリカ空軍の三機の米軍輸送機が飛来し、救援物資を次々とパラシュートで落下させたが、意外な展開が待っていた。子どもたちが、救援物資の中から紙巻タバコを探し出し、タバコを楽しんでいた。落下したケースは食料も含まれていたが、アルミの封を開いたまま放り出されていた。

金なら確実に難民に役立てられるかというと、そうでもないケースも多い。善意の浄財が確実に難民に届くかというと、なかなか難しいものがある。エチオピアのオガデン高原で、難民高等弁務官関係者の事務所を訪ねたことがある。事務所は豪邸で、屋敷の中には、メイドが十人近く働いている。十分ほどして恰幅の良い国連関係者が出て来た。高級スーツを着こなし、高級時計やアクセサリーを身に着けている。飢餓地帯と思えない雰囲気に、不自然さを感じた。証拠もないが、キャンプの痩せ細った難民と国連関係者の肥満体が、不可思議さを感じさせた。

40年ぶりのラジオドラマ制作と意図

40

40 40年ぶりのラジオドラマ制作と意図

山陽放送でラジオドラマをやっていたのは一昔前で、もう四十年も本格的なラジオドラマには取り組んでいなかった。

私は、まずネタ探しから始めた。

どんなストーリーが、ラジオドラマに相応しいものか、色々思いを巡らせてみた。何度も取材したハンセン病患者の虐げられた人生を描いたもの、出羽嵐の相撲人生のようなスポーツ物語などと悩んでいた時、ある音楽家の話を聞く機会に恵まれた。その音楽家はピアニストの岩崎淑さんだった。

岩崎淑さんは、一九三六(昭和十一)年に音楽教師・岩崎千蔵の長女として倉敷市で生まれた。戦争への足音が大きくなる時代の中で翻弄された音楽一家の運命には、引き付けられるものがあった。

日本での統制が、音楽までにも及んでいく中で、父・千蔵は、台湾での理想の音楽教育を夢見て一家で渡航した。台湾の高雄で太平洋戦争開戦を迎え、戦況の悪化で何度も空襲攻撃を受け、結局、日本に逃げ帰った。しかし、やっと落ち着いた岡山で、一九四五(昭和二十)年六月二十九日、大空襲に遭うという大変な体験を聞かせてくれた。

私は、この岩崎淑さんの実話をもとに、ラジオドラマを作ることにした。

物語は、一九四四(昭和十九)年秋、岩崎千蔵一家が乗り込んだ台湾からの引き揚げ船「浅間丸」の暗い船室から始まる。戦争の恐怖、死を覚悟した家族の不安から、物語は始まる。

ドラマを書き上げるのは自分自身でも初めての体験で、推敲に推敲を重ね、ほぼ一年をかけて書き上げた。暇を見つけては台湾の高雄市にも出掛け、日本統治時代の高雄を取材した。また主人公岩崎千蔵が台湾で出会った野口雨情の足跡も訪ね、宮城県にも足を運んだ。

千蔵と雨情は、台湾でレコードを出していた。私はこのドラマで、戦争が何もかも壊していくことを音楽家の人生にかぶせたいと考えた。ドラマのタイトルは少々長めだが「焦土に聞こえたアンサンブル」とした。

小説の脚本化は、作家の阿川佐和子さんにお願いした。朗読は、檀ふみさんにお願いした。出演者は地元劇団の人々に協力してもらった。ドラマの最後の場面は、岡山大空襲で焼け出された岩崎淑が、呆然と佇む姿で終わっている。このラジオドラマを聴いて、一番感激したのは、岩崎淑さんだった。私は取材を重ね、会ったこともない岩崎千蔵の人物像を、自分なりに作り上げたのだが、岩崎淑さんからは、亡き父に久しぶりに出会ったようだと感想を話してくださった。

私は、さまざまなノンフィクションのドキュメンタリー番組で、さまざまなテーマを取り上げてきたが、核心の部分は類推するしかなく、ノンフィクションの限界も感じていた。ラジオドラマでは、主人公にさまざまな台詞を呟《つぶや》かせ、本音を語らせることができる。フィクションでは、登場人物の心の中まで入り込むことができ、満足したドラマ作りであった。驚いたのは、インターネットの力である、七十年前の台湾中央鉄道の時刻表まで知ることができた。


実は、ラジオドラマ完成後、無謀にもこのドラマの映画化に挑もうとした。岡山県出身で元映画監督の森岡道夫氏にラジオドラマの台本を見てもらった。これは、時間をかけても映画化した方がよいというアドバイスももらった。空襲など戦争シーンが入るので、制作費は、どれほど切り詰めても二億近くはかかりそうだった。

どこまで進めることができるか、とりあえず挑戦してみようということになった。大事なのはキャスティングだ。特に戦時中の音楽教師・岩崎千蔵役を誰に頼むかだった。雰囲気的には堤真一、若いころの加藤剛ならピッタリだが、二〇一八(平成三十)年に亡くなった。一番可能性が高いと見たのは、森山直太朗だ。若すぎる感じだが、彼の訴えかけるような熱い眼光が、千蔵にぴったりと考えていた。

まず直太朗の母親であり、知り合いでもある森山良子さんに話してみた。森山良子さんは「良い話」だと喜んでくれた。直太朗に伝えておくけど、まず原さんから直接話してほしいと言われた。私は、直太朗さんの高松公演に行き、原作本を手渡して、映画化の話をしてみた。驚いたというよりは、かなり戸惑っていた感じがした。

「さくら」などで、若手シンガーとして活躍する青年に、いきなり戦争時代の映画の主人公というのは、驚きの提案だったのかもしれない。しかし、その日のステージを見ていて、私は彼の役者としての素養は十分あると感じた。表情に深みがあるというか、何か昭和の匂いも漂わせているると感じた。そんな重い顔の役者は、今の若いタレントにはいない。そう思うと、気持ちは、ますます森山直太朗に傾いていった。

その高松公演からすでに五年近くなったが、映画化はまったく進展していない。しかし、まだ映画化を諦めているわけではない。いつかどこかで気の利いた映画人が、作品に振り向いてくれるかもしれないという思いはある。

二〇二〇（令和二）年の春になって、古関裕而を扱ったＮＨＫの朝ドラマ「エール」に、森山直太朗が軍服姿で出演していた。まさに昭和初期の音楽教師役でピッタリはまっている。演技力も抜群だ。ＮＨＫの誰がキャスティングしたのか知らないが、判断は私と同じだった。ＮＨＫ朝ドラを見ながら、再び映画化の夢が大きくなってきた。

ドキュメンタリーなど、ノンフィクションでの当事者たちのさまざまな証言は貴重だ。これまでも多くの証言を取材し、番組に仕上げてきたが、ある種の壁のようなものに直面したこともある。それは、当事者の「ためにする証言」を見抜くことができないからだ。我々は、さまざまなインタビューで証言を集めていくが、それらが全て真実に基づくとは限らないと考える。何かを意図した証言もあれば、追い詰められて言わざるを得ない証言もあるだろう。証言の裏側を見極めるのもドキュメンタリストの大事な仕事だ。

ハンセン病関連取材についても、さまざまな証言を並べるだけでは作品にならない。特に、入所者たちの重い証言には、戦前の話など勘違いがあったりする。百集めた証言の中、九十九の証言に事実誤認がないとしても、たった一つの思い込みによる勘違い証言があれば、作品の方向が変わってくるかもしれない。

そういう事を考えれば考えるほど、ドキュメンタリーの限界を感じ、自分で筋書きや当事者の語りを織り込んでいく小説なら、ドキュメンタリー作品の入り込めなかった世界へも入れるのではないかと考えた。

生きている間に、証言を集めることが困難な戦前のハンセン病患者の窮状や、国民の病者に対する醜い差別感情などを、正確に伝えることができる小説を書いてみたいと考えている。

すでに下調べは始めているが、自分の年を考えれば、未完の作品になるかもしれない。

message メッセージ

RSK地域スペシャル

ゴールデンタイムにドキュメンタリー番組を

41

2012年4月 放送開始

41 ゴールデンタイムにドキュメンタリー番組を

二〇一一（平成二十三）年、東日本大震災の年の六月、私は山陽放送の八代目の社長に就任した。震災の影響で自主規制が増え、営業的に大変な社長一年目の年になった。スポットCMが極端に減少、売り上げが低迷した。そんな逆風の中だが、私は社長になったらやろうと思っていた「ゴールデンタイムのドキュメンタリー番組」の実施に踏み切った。

民放のゴールデンタイムの番組は、どの局も視聴率の取れるバラエティー番組を放送していた。人気お笑い芸人が出演すれば、世帯視聴率は二桁間違いない。何かと批判されるお笑い番組だが、どんなに酷評されても、視聴率が優先する時間帯ではある。テレビ局も「営業的に仕方ない」と文句を言えない。

日本の地方局は、ドキュメンタリー番組に取り組んでいないわけではない。年に数本は制作している。その多くの作品は、民間放送連盟が主催する番組コンクールに出品するためのものである。報道、教養、娯楽などの各部門に、ほとんどの民間放送局が参加する。膨大な制作コストと、時間をかけた力作が多いが、こうした作品の存在を一般視聴者が知る機会は稀である。

作品は、毎年五月末までに放送しなければならず、放送時間は五月下旬の深夜か早朝に集中する。社会問題に真正面から取り組んだ番組も多く、硬い内容だが視聴率が取れるような内容でもない。まずゴールデンタイムに放送されることはない。制作側から言わせると、力を入れた局の姿勢を示すものであるから、より多くの視聴者に見てもらえるゴールデンタイムに放送してもらいたい。しかし営業的理由から、ドキュメンタリーのゴールデンタイムでの放送は無理というのが放送界の常識になっている。

しかし、一週間にたった一度、一時間のドキュメンタリー番組の放送で、平均視聴率が極端に下がり、売り上げに響き会社の財務内容を悪化させることになるのだろうか。営業畑出身ではない私は、常に大きな疑問を感じていた。

二〇一一(平成二十三)年、山陽放送の社長に就任し、長年夢に見ていたゴールデンタイムのドキュメンタリー放送実現に向け準備に入った。営業面、視聴率のことを考えると、暴走ともいえる編成改革だった。毎週一時間のドキュメンタリーを一本放送するためには、少なくとも四人の担当記者が必要になってくる。四人が平均月一本の作品を作り上げていく。教育、医療、過疎、高齢者、貧困、環境、産業、さまざまなテーマで、地域の今を接写し記録していく。集められた映像や証言は、時代の記録として残されていく。

四人の担当記者を生み出すため、それまで開局以来続けていた報道記者の泊まり勤務を廃止した。早朝ニュースや、深夜ニュースも廃止した。泊まり勤務は負担が大きい割に、報道成果に結び付かない。真夜中の火災でも、泊まり勤務者がキャッチできないことが多かった。

泊まり勤務を廃止している他局は、何故かいち早く現場に駆け付け、炎上する火災現場の映像を捉えていた。おそらく、泊まり勤務実施で、報道部員全体の夜中の警戒感が薄れていたのかもしれない。逆に泊まり勤務がない他局の報道部員たちは、鋭い警戒感を持っていたのかもしれない。

さまざまな報道体制の改革で、ドキュメンタリー番組を毎週制作できる態勢は整った。番組のタイトルは「メッセージ」。シンプルなタイトルだが意味は大きい。地域の片隅からのメッセージ、現代から未来へのメッセージ、制作者から視聴者へのメッセージ。タイトルの「メッセージ」は多くの意味を包括していた。

そして、二〇一二(平成二十四)年春、いよいよ放送が開始された。予想されていたが、視聴率は最低だった。二%前後の視聴率が続いた。良い時でも八～九%と二桁には届かない。

ありがたかったのは、こんな低視聴率の番組でも、日本有数の造船会社「今治造船」や、岡山のＩＴ会社「東和ハイシステム」など、数社の理解あるスポンサーが付いてくれたことだ。

「視聴率はどうでもいいから、しっかりした番組を」

というスポンサーの存在だった。

確かに視聴率が悪くても、地味なドキュメンタリーを提供することで、提供企業のイメージは変わってくる。ずいぶん地味な会社だなと思う視聴者もいるかもしれないが、こんな地味なことでも、地域のための番組を、下支えしているのだと考える視聴者も、いるかもしれない。

カロリー計算でCM出稿が決定されるスポットCMは、ドキュメンタリー番組になじまないかもしれないが、提供スポンサーなら、協賛の可能性は生まれてくる。あとは、営業パートがどこまで説得力を発揮してくれるかどうかだけだ。視聴率がいい番組は誰でも売れる。視聴率が悪い番組を売るのが、プロの営業マンと言いたいところだが、営業サイドから言わせると、とんでもない暴論ということになるらしい。

この「メッセージ」を三年間も継続した時点で、「ギャラクシー賞」報道活動部門での大賞を受賞した。光栄な受賞ではあるが「もう止められない」番組になってしまったことは確かだ。

しかし、報道スタッフの少ない地方局で、ドキュメンタリー番組を頻繁に制作するのは、日々のニュースを何本も出す報道デスクにしてみれば、大変なことではある。十年は継続してもらいたいが、息切れする可能性も見え始めている。日本全国の地方局の報道現場の仲間たちのためにも、踏ん張ってもらいたいのだが……。

地方局にとって、ドキュメンタリー番組制作は、予算の面でもスタッフの工面でも大変なことである。デイリー番組やニュースを出すのがやっとというのが本音だと思う。しかし、地方に軸足を置いた、地方のための番組を作らなければローカル局の存在意義はない。スタッフも機会があれば一時間近い地方のための番組を作りたいと考えているに違いない。

そうした地方局を応援する番組がある。それは、ダイドードリンコ提供の「日本の祭り」という長寿番組だ。これは飲料販売機の「ダイドードリンコ」が、エジプト考古学者・吉村作治さんの監修で、十年以上も続けている番組だ。東京一極集中で忘れかけた地方の文化を再発掘し、地方を元気づけようという、地方に住むものにとっては、本当にありがたい番組である。

番組を制作する過程で、地方局にドキュメンタリストが育っている。番組で取り上げる「祭り」はさまざまだが、何百年も続いた祭りの裏側には、地域の文化や、過疎、高齢化、少子化など地域が抱える問題が見えてくる。まるで片田舎の夜道で、明るい自動販売機を見つけたような、そんな地域密着の番組と考えている。

こういう番組は、田舎の放送局にとっては、本当に価値のある存在である。このシリーズを企画したのは、岡山県出身の博報堂・苫田秀雄氏である。その企画に、ポンと手を叩いて賛同したのがダイドードリンコの高松富博社長（当時）だった。

42 初めてのミュージカル制作

ミュージカル「オランダおいね あじさい物語」

初めてのミュージカル制作 42

江戸末期から明治にかけての、近世の岡山には、歴史に名を刻むような先哲が多いが、岡山市内に、歴史博物館が一か所もないのが不思議でならない。対岸の高松市には歴史資料館がある。全国の、どの都市にも「歴史」を掲げた資料館や博物館が必ずあるが、岡山市にはない。歴史がないわけでもない。どちらかと言うと他都市と比べても、偉人が少なくはない。

医学の分野でも岡山には歴史がある。シーボルトの影響を受けた蘭学者が多いことで知られる。岡山というより県北・津山を中心に日本の近代化に尽くした人物が多い。

その一人が緒方洪庵である。洪庵は大阪に「適塾」を開き、福澤諭吉などの日本の近代思想を作り上げた傑出した人物を育てている。

また宇田川榕菴は、「細胞」や「炭素」、「窒素」、「葉緑素」など化学用語を考案し、そうした用語は現在も使われている。また津山で作られたリンパ腺の「腺」の字などは、漢字の国である中国が採用し、現在も使われている。また「珈琲」という字も、榕菴がコーヒー豆の鮮やかな朱色から、「珈」とか「琲」という髪飾りの名称から引用したといわれている。

しかし、岡山県の人はこのことをほとんど知らない。歴史に無頓着という寂しい状況である。

実は江戸末期、シーボルトの娘「おいね」は、六年間岡山で産科術を学び、日本で初めての女医になったのだが、このことすら多くの市民が知らない。


私は、貴重な歴史を市民に知ってもらいたいと、「オランダおいね」の市民ミュージカルの制作に挑戦した。通説では、おいねは師匠である石井宗謙に手籠めにされたとされている。これはある歴史小説家が、おいねの娘タカが晩年に書いた文書を参考にし、手籠め騒動の筋書きにしたものだった。

しかし、騒動の真相は簡単には解明できないのが歴史である。何も確定できないのが歴史でもある。忠臣蔵でもさまざまな解釈が伝えられている。

ミュージカルの一場面

赤穂城主の浅野内匠頭がヒステリックで、好々爺の吉良上野介に逆恨みしたとの言い伝えもある。当事者に聞くこともできない歴史物語は、一部の権威ある学者の解釈だけが一人歩きする面もある。

おいね、石井宗謙の二人の間に何があったのか定かでない。「手籠め事件」が定説となり岡山の人は、おいね物語にはアレルギー反応があったのは間違いない。そこで、我々は見方をがらりと変え、おいねと宗謙の師弟愛物語に仕立てたミュージカル制作に挑戦することにした。

おいねの本名は楠本イネ。二人の間に出来た子どもはタカという。宗謙の流れをくむ石井家は、明治時代、タカにも数々の支援を続けていた。今は東京で歯科医を開業する楠本家の末裔は、このミュージカルの完成を大いに喜んでくれ、感謝の感想文もいただいた。それは、不義の子の末裔という汚名を返上できるからである。ミュージカルを制作した我々も、歴史小説家も当事者である二人から一言も聞くことができない運命にある。いつの世でも男女の間の複雑な感情までは推測しかない。

ミュージカルの準備は、二年近くかかったが、満席の観客からは、おいねさんが六年も岡山にいたことを初めて知ったという観客もいた。本当に勉強になったとの言葉も何人からもいただいた。一部、地元の歴史家を標榜する人物から批判の声はあったが、歴史の見方、特に愛情問題のとらえ方はさまざまあるのが世の常と考えている。

今は、二作目のミュージカル制作に取り組んでいる。歴史は地域の宝物と考え、福祉県と言われた岡山の原点でもある石井十次と岡山孤児院を取り上げた。

石井十次は、宮崎県高鍋の出身で、当時の岡山医学校に学ぶためにやってきた人物だ。幼少時から母親の慈愛に満ちた教育を受け、自身も孤児救済に奔走した。

十次は一八八七(明治二十)年、現在の岡山市中区門田屋敷に孤児院を開設した。最初は資金集めに苦慮したが、倉敷の事業家・大原孫三郎や、救世軍創設者の山室軍平などの支援を受け、徐々に孤児院運営を軌道に乗せた。

石井十次は、地元岡山だけでなく、濃尾地震や東北の冷害で生まれた孤児も、積極的に収容した。こうした十次の慈善事業に対し、芸者でクリスチャンの炭谷小梅をはじめとする、大勢の岡山市民が協力した。

明治の末期には、孤児の数は千二百人以上に達していた。孤児が急増するにつれ運営資金不足になり、あらゆる募金活動を行っていた。特に、孤児院の様子を撮影した活動写真を紹介して募金を集める「幻燈音楽隊」は、全国興行で多くの寄付金を集めることができた。そうした孤児院の記録映画は、日本で最初の「映像ドキュメンタリー」とも言われている。

十次のこうした慈善活動は、全国的にみても画期的なもので、岡山に福祉精神を根付かせていった。そうした流れのなかで、岡山市内に、中四国で初めての本格的な重症心身障害児施設が開設されたり、「私なき献身」でアジアのマグサイサイ賞を受賞した三木行治知事を生み、今日の福祉県岡山をかたちづくっていった。

ミュージカルのタイトルは「恵みの庭」で、虐待やいじめなど、子どもの受難時代だからこそ、子どもの大切さを、あえて問い掛けた作品になる。

ハンセン病療養施設の世界遺産登録に向けて

43

長島愛生園歴史館（旧事務本館）

43 ハンセン病療養施設の世界遺産登録に向けて

山陽放送は、一九八〇(昭和五十五)年から、岡山県東部の瀬戸内海に浮かぶ、ハンセン病療養の島、長島を取材し続けている。

長島は、瀬戸内市虫明地区の目と鼻の先にある島で、一九三〇(昭和五)年、日本で最初の国立の療養所が開設された島である。島には、長島愛生園と邑久光明園の二つの施設があるが、治療法の確立した現在、入所者の数は激減している。

島には一番多い時で、二千人以上もの入所者がいたが、今は両園合わせても、三百人足らず、平均年齢は八十七歳を上回り、入所者の高齢化で、入所者数は、年々減少している。

ハンセン病は、感染力の非常に弱い伝染病だが、厳しい後遺症のため、長く疾病差別を受けてきた。日本は、特に世界では例のない、厳しい隔離政策をとってきた。

強制隔離を前提とした「らい予防法」は、病気が治るようになっても維持され続け、法律が廃止されたのは、一九九六(平成八)年になってのことだった。なぜ、日本だけが厳しい差別政策を取り続けてきたのかが現在も問われ続けている。鎌倉以降の身分制度の中で、強い疾病差別を生んだ、日本人の精神性に、根源的な間違いはなかったのだろうか。

もう二十年もすると、患者たちの、差別に苦しんだ人生は、証言として語られなくなってしまう。単に病気に感染しただけで、社会から抹殺されるという不条理は、日本社会から消えたのだろうか。もしかしたら、また新たな感染病が発生し、日本社会は、再び不条理な差別を繰り返すのではないだろうかという不安が残る。

そうした疾病差別が再び起きないようにするため、我々はハンセン病に関する記憶や、施設を世界遺産に登録する運動を立ち上げた。

わが社の映像ライブラリーには、四十年にわたり収録した数多くの入所者の苦しみの証言が残されている。そうした貴重な声を遺産登録するというのは、今は亡き入所者たちへの鎮魂歌になると考えている。私は、世界遺産登録のＮＰＯの理事長に就任し、今もさまざまな場所で講演活動を行っている。

山陽放送は、過去四十年以上にわたり、ハンセン病関連のドキュメンタリー番組を五十本近く制作し、病気にまつわる差別の悲劇を伝えてきたが、そうした番組は深夜、早朝に放送されるだけで、講演を聞いてくれたほとんどの人が

「そんな悲しい歴史があったとは知らなかった」

と言う。

一九九六（平成八）年になって、やっと国は「らい予防法」の廃止を決めた。その後、国のハンセン病政策が厳しく批判され、国家賠償も行われた。国の誤りは当然のことで、国の厚生行政も糾弾されるべきだが、無関心を装った国民にも責任があると考えている。

メディア取材も弁護活動も、戦後すぐには動かなかった。要するに、国だけでなく日本国民全員が加害者だったと言っても過言ではない。

世界遺産登録が実現したとしても、それは十年も二十年も先のことかもしれない。しかし、千年も厳しい差別を受けてきた患者たちにとっては、十年先でも二十年先でも近い将来なのかも知れない。

長島に療養所が造られた一九三〇（昭和五）年当時の建物や桟橋が、かろうじて残されている。患者専用の収容桟橋は塩水で痛みが激しいが、一部が残っている。そして、この桟橋に到着したばかりの、少女の写真が残されている。白い防護服に包まれた看護婦の中に、父親らしい男性に連れられた少女の姿が見える。下を俯いたままの不安そうな少女が、父親に手を引かれ島へ上陸する写真だ。

写真は一九四一（昭和十六）年以降に撮影されたものだが、ご存命なら高齢になられていることだろう。

しかし、最近になって、愛生園側がモデルを使って撮影した作り物であることが判明した。園を紹介するポスターの一部だった。

こうした写真は、事実写真ではないので世界遺産登録からは外さなければならない。何千何万点もの資料を精査し、歴史的に価値のある資料を残す作業の難しさを実感した。

その患者収容桟橋のすぐ近くには、患者を消毒し、療養服に着替えさせた「回春病棟」もそのまま残されている。当時使用されていた消毒風呂も残されている。

さらにその奥には、園の規制に従わない患者を収容した「重監房」の一部も残されている。もともとは長さ三十メートルほどの大きな監房だが、その後、忌まわしい施設ということで、入所者の希望で埋めてしまったのだった。今、地表に現れているのは、ほんの一部でしかない。世界遺産登録を目指すNPOは、土砂を可能な限り取り除き、監房の一部でも見学できるように準備を進めている。

患者収容桟橋（長島愛生園提供）

隔離の島には、まだ多くの建造物が残っているが、長年の風雨のため崩れかけたものも多い。できるだけ修復を施し、残していきたいと考えている。

島で療養中の入所者の平均年齢は八十七歳と高齢化が進んでいる。世界遺産登録も足早に進めなければならない。そして、百年以上にも及ぶ、人権を蹂躙した強制隔離政策の間違いを、後世に伝えていかなければならない。

人間回復の橋「長島大橋」架橋運動についても、新聞やテレビ・法曹界は、大きな関心を示していなかった。一九九六年に国が「らい予防法」廃止を決めてから、マスコミも法曹界も本腰を入れ関心を示すようになった。一九八〇年代に多くのドキュメンタリー番組を制作した山陽放送だが、それでも遅すぎたと反省している。少なくともプロミンが開発され効果が明らかになった昭和三十年代には、この問題に取り組むべきだったと考える。もし我々メディアが、もう十年、二十年、この問題を真正面からとらえていれば、予防法廃止も早かったかもしれない。

新型コロナ禍でも、患者に対する差別があった。法務省の調べでも千三百件の疾病差別があったとしている。感染患者の家族、さらに治療を進める医療関係者や、その家族まで差別はみられた。しかし、この数字は氷山の一角で、列島の隅々で差別があった可能性は高い。政府は臨時措置法を成立させ、入院を拒否する患者に刑事罰を科する法案も出された。

渋野日向子選手

スポーツと地方局の役割

44

44 スポーツと地方局の役割

地方にとって、地元スポーツ選手の活躍は大きい意味がある。なんでもかんでも大都市中心の日本で、地元出身スポーツ選手の大活躍で地方は元気になる。その典型的な具体例が二〇一九(令和元)年夏、「ＡＩＧ全英女子オープン」で起きた。水田が広がる岡山市郊外で育った二十歳の女子プロゴルファーが、とんでもない快挙を成し遂げた。

その女性は当時、ＲＳＫ山陽放送に所属していた渋野日向子選手。全英女子オープンで、プレー中の彼女の帽子や肩には、山陽放送のロゴ「ＲＳＫ」が貼られており、頻繁に国際中継映像に映っていた。渋野選手は、プロ入り一年目で全英女子オープンで優勝した。

メジャー大会での優勝は、日本人二人目、優勝直後の所属先の山陽放送には、世界中からホームページへのアクセスが集中し、瞬時にダウンしてしまった。「ＲＳＫ」というのは何の会社なのか、世界中のゴルフファンからのアクセスが集中した。

渋野日向子選手に、早い段階から目を付けていたのは、山陽放送の桑田茂社長だ。彼女が高校に入ったころから、器の大きさを感じてはいたが、まさかプロ一年目で全英の覇者になるとは考えていなかった。

渋野選手のスーパープレイの連続は、世界のゴルフファンを魅了した。彼女の活躍とともに、帽子のロゴマーク「ＲＳＫ」が注目された。東京のキー局のロゴが世界で注目されることは稀だが、「ＲＳＫ」は、渋野優勝の瞬間から、「世界の渋野」、「世界のＲＳＫ」、「世界の岡山」になってしまった。

実は、山陽放送では、二〇二〇（令和二）年竣工の新放送会館建設を期に、新しい社名ロゴを検討していた。現在使っているＲＳＫロゴは、創業二十周年を記念し作られたものだ。四十年以上も前のデザインは、もはや古臭いという声が、社内でも一部囁かれていた。

しかし、渋野選手の全英女子オープン優勝の瞬間から、ＲＳＫロゴを変えようという声は皆無となった。優勝を祝し、贈られた百以上の胡蝶蘭は、役員室に入り切らず、玄関ロビーも胡蝶蘭で埋まってしまい、洋蘭展のようになった。

そうしたお祝いムードは、ＲＳＫ社内だけでなく、エリア全体に広がって行った。地元岡山の人々は、大いに沸き返り、大いに元気付けられた。地方にとってスポーツの存在がいかに大きいものであるかを再確認した一年だった。

郷土の期待を担う高校野球も、やはり地元に夢と希望をもたらすものである。高校野球の甲子園大会は、郷土代表の高校生たちが、郷土の誇りと夢をかけ戦う大会である。高校生たちの爽やかなプレーが、感動を与える国民的イベントとも言える。地方局にとっては、郷土の代表校の活躍振りを伝えていくことで、地域に活力をもたらすと考えている。

岡山県でも高校野球熱は高く、毎年、春・夏の岡山県大会に向けて多くの取材をし、ニュースの中でも、毎日のように放送している。県大会も準々決勝あたりから、各局はテレビ中継を組んでいた。我々のような地方局にとっての高校野球の中継は、アナウンサーや技術職のスキルアップのためにも重要なコンテンツであった。

岡山県の高校野球チームの、夏の大会での優勝は一度もない。かつて、岡山東商業高校の平松政次投手、倉敷商業高校の星野仙一投手などが大活躍したころの岡山県チームはレベルが高く、一九六五(昭和四十)年の選抜大会では、岡山東商業が悲願の全国優勝も果たしている。

この時の山陽放送の熱気が社史に残っている。決勝戦は岡山東商業と、市立和歌山商業の間で行われた。夏の高校野球は朝日新聞の主催だが、春の選抜高校野球は毎日新聞の主催である。TBS系列局に中継の権利があった。

決勝は一九六五(昭和四十)年四月の日曜日だった。日曜日は、TBSの人気番組が多く、高校野球中継のために番組を変更するのは難しいと、当時のRSK編成部は考えていた。

決勝の時間帯に、当時の人気のレギュラー番組「ロッテ歌のアルバム」が陣取っていた。当時のRSKの編成が恐るおそるTBS編成に打診した。

「岡山県勢初の決勝進出なので、何とか野球中継をさせてもらえないだろうか」

当時のＲＳＫ編成も、超人気番組を高校野球に差し替えるのは無理と予測していた。しかし、ＴＢＳからの返事は意外なものだった。

「山陽さんの高校野球への熱意は理解できます。どうぞ、ロッテ歌のアルバムは、差し替えてください。思う存分地元代表チームの奮闘を中継してください」

地方局にとって、キー局の特段の配慮だった。

結局、エース平松を擁する岡山東商業は、和歌山商業を下し、岡山県初のセンバツ優勝に輝いた。ＲＳＫは、岡山勢の初優勝場面を県民に生中継した。

スポーツは地域に元気を与える。優勝旗を手にした岡山東商ナインの優勝パレードの映像は今も県民の心に、鮮やかに残っている。

岡山東商・センバツ優勝パレード

「ロッテ歌のアルバム」の差し替えを認めてくれた当時のＴＢＳに、五十年以上経った今も、ＲＳＫは感謝の気持ちを持ち続けている。

45

新社屋と能舞台

RSK 新社屋・能楽堂ホール「tenjin9」

45 新社屋と能舞台

二〇二〇(令和二)年七月、山陽放送は、岡山市北区天神町に新放送会館を完成させた。両隣をオリエント美術館と岡山県立美術館の文化施設に囲まれた、申し分ない場所ではある。

旧館は一九六二(昭和三十七)年、第十七回岡山国体が開催された時に建設された。これまでの放送会館は、市民が気安く訪問できる雰囲気ではない。まるで役所のようなお堅いイメージの建物だった。新しい放送会館は、とてもオープンな感じで、誰でも気安く立ち寄れる雰囲気を重視した建物となった。

建物内部で最も特徴的なのは、本格的な能舞台を一階ホールに持っていることだ。一般的には放送局のホールといえば、講演会や簡単な音楽発表会、映画上映ができる客席が二百～三百ほどが通り相場だが、山陽放送は、野村萬斎氏など能・狂言の関係者の意見を参考にして、本格的な能舞台を造ってしまった。

当然、建設費用も高くなり、

「なんで能舞台なのか？」

という冷めた声も聞こえてきた。おそらく全国の放送局で、本格的な能舞台を持っているのは山陽放送だけだと思う。そんなホールを、なぜ造ってしまったのか話したい。

江戸時代、能狂言は、大名たちの江戸での交流に欠かせない式楽文化であった。江戸屋敷や江戸城では、能の舞や狂言鑑賞で教養を高め合っていた。諸国の大名は江戸で感じ取った武家文化を、そのまま地元へ持ち帰った。池田岡山藩主も同じであった。

特に二代藩主の池田綱政は、当時「御後園」と呼ばれていた大名庭園内に能舞台を作った。現在の後楽園内の能舞台で、ここで頻繁に能興行が開催されていた。藩主綱政は、干拓事業や治水事業を積極的に進めた名君とも伝えられている。特に、領民の教育や啓蒙に熱心で、能舞台にも、大勢の領民を招き、自らの能の舞を披露していた。招かれた城下の領民は、十年で七万人にもふくれ上がっていた。綱政は、一般の領民にも文化、教養を身に付けさせることが、豊かな藩政に繋がっていくと考えた。

そうした綱政の考えは、その後の岡山の特色にも繋がっていき、やがて岡山県は、教育県と呼ばれるようになっていった。常に新しい知識を取り込もうという考え方は、やがて優秀な蘭学者を輩出、その中から福澤諭吉を育てた適塾の緒方洪庵など、近代日本の思想にも影響を与えた。そして蘭学者たちの流れは、近代医学の発展や福祉活動へとつながっていく。

話が長くなったが、現在の岡山の医療・福祉に繋がる県民性は、池田綱政時代の藩政からの流れであるかもしれない。そうした意味から、岡山の放送局内に能舞台を設け、綱政の精神を受け継ごうという思いも込められている。しかし、岡山市内に本格的な室内能楽堂はない。後楽園内に能楽堂があるが、雨露の影響を受けやすい昔ながらの造りで、風格はあるが、現代人のための興行には向いていない。

綱政のお陰でもないが、山陽放送は三十年ほど前から、能・狂言のイベントを継続している。能舞台を供えたホール「ｔｅｎｊｉｎ９」では、備中神楽など岡山に伝わる伝統芸能やさまざまな音楽コンサート、シンポジウムを実施したいと考えている。

綱政が、能舞台を領民のために活かしたように、我々も能舞台を地域文化のために活かしていきたいと考えている。そうした地域の宝を守ることも、地方局の大切な役目なのだ。

最後に、六百五十年続いた日本の芸能の原点でもある「能」についてひと言。

世阿弥は、能を千年続けるために「初心忘るべからず」という言葉を残している。「初心」の「初」は「衣」偏に「刀」と書くが、世阿弥は、衣をバッサリ切り裂くように、マンネリになるな、常に変化を意識し、芸に磨きを掛け続ければ「能」は絶えることなく継続できると説いている。

今では、あくびが出そうになる悠長な芸能だが、草創期はラップダンスのような、リズミカルな舞いだったそうだ。それが江戸時代の武家社会の中で形を変え、儀礼的な式楽になったという。その後、能装束や囃子に変化を加えて、今日の形になったとも伝えられている。

実は、その「初心」の精神が、日本に老舗企業が多い理由だという。能楽師の安田登氏の著作

「能　650年続いた仕掛けとは」（新潮社、二〇一七年）によると、日本で創業百年を超える企業は三万三千社。さらに創業五百年企業は四百社もあるという。創業二百年企業は、世界に六百社あるとのことだが、その半数は日本の企業だという。そうした老舗企業をみると、常に「変化」を模索し続けている面がある。六百五十年続き、数多くの日本の芸能の礎である「能」の「初心」の考え方が、クールジャパンの証でもある老舗企業を生み出しているのかもしれない。

民間放送は、開始してまだ百年にも達していない。「能」に比べれば、まだまだヨチヨチ歩きかもしれない。我々は「初心」の精神で、マンネリに陥らず、さらに変化に挑戦しなければならない。

おわりに

がんばれ地方局

大都市がふくらみ続け、地方がしぼんでいる。

東京オリンピック、大阪万博など大きな花火を打ち上げるのは大都市ばかりで、地方創生、地域活性化などは空念仏でしかない。地方は依然 過疎、人口減少と後退の速度を速めている。そんな地方の小さな放送局のなすべきことは何なのか。問い続けた五十年だったが、私なりにまとめてみた。

私が五十年間勤めてきたローカル局、ＲＳＫ山陽放送は、岡山・香川両県をエリアにした地方放送局で、岡山市に本社を置く。ラジオの放送開始は一九五三(昭和二十八)年、テレビ放送開始は一九五八(昭和三十三)年で、大都市圏の放送開始の後で、全国七番目に開局した地方局である。

現在の社屋は、戦国武将宇喜多直家の居城跡に建てられたもので、建設されておよそ六十年にもなる。石垣に囲まれ、清流旭川沿いに立つ社屋は、ある種の風格が感じられる建物だが、田舎の放送局ならではのハプニングも多い。

会長室で、この原稿を書いている時も、天井から首筋にムカデが落ちてきた。でもムカデくらいでは驚かない。三十年ほど前、休日の玄関ロビーでヘビが逃げ回ってるのを見たことがある。どこから迷い込んだのか、青大将が玄関ロビーをニョロニョロと動いているのを見た。

また、女子アナが編集室で大ムカデに腕を刺されたこともあった。その女子アナは、ほどなく退社し東京のフリーアナになってしまった。

大都市の放送局ではありえない、豊かな自然に包まれた地方局である。そんな地方局で勤務した半世紀五十年だが、結果はともかく、私にとっては満足の五十年であった。

エリアの人口は岡山県が百八十九万人（総務省統計局「令和元年推計人口」）で香川県が九十五万六千人（同）と二県合わせても三百万人に及ばないが、放送局はＮＨＫが岡山・香川に一局ずつで、民放五局を含めると七局もある。大都市並みの電波銀座で視聴率競争も熾烈、営業的にも激戦エリアである。

山陽放送の開局は、戦後復興の中の県民の強い熱意でもたらされた。一部の資本家による放送局でなく、個人を含め小さな自治体など、七百もの株主による創業だった。いわば、県民放送局のようなかたちの地方局として産声を上げた。

ラジオ・テレビ兼営局で、現在のラジオ番組の自社番組制作率は、全放送時間の三〇％程度で、テレビはわずか一三％である。少ないように見えるが、スタッフが何百人もいるキー局などマンモス制作局と違って、地方局は、数十人の少ない制作スタッフで地元情報を集め情報番組を制作しており、テレビの自社制作率十三％は精いっぱいの数字である。

ＮＨＫやキー局のネット番組があふれるテレビ界で、ローカル局は、そんなにたくさん要らないと、今地方局再編まで議論されている。地方銀行も再編が議論されているが、銀行の場合も放送局の場合も、きめ細かい地元サービスを目指せば、現在のような体制になり、簡単に再編、再編と言うのは、地方の弱体化を加速させるだけかもしれない。

長く地方創生が叫ばれてきた。地方出身の菅総理大臣も、これまで以上に地方の活性化、地方創生を政策提言しているが、果たしてどこまで地方に勢いを与えることができるのか見えてこない。有権者の少ない地方より大票田である大都市の声が、大きくなるのは当然の成り行きであろう。テレビなどのメディアも、東京一極集中化が速度を増している。

二年前、各局のワイドショーは小池百合子都知事と豊洲市場問題を毎日毎日、何時間も全国ネットのワイド番組で流し続けていた。首都の市場とはいえ地方の人間にとって、あまり関係ない話だが、首都圏で視聴率を稼ごうとすれば、同じことでも、注目されているネタは、何度も同じテーマでの放送を、止めることができないのかもしれない。

「テレビ局が多すぎる」「地方局再編論」まで議論される今日だが、我々、地方局の人間からは看過できない議論でもある。大都市の社会現象や首都圏の気象情報ばかりが大きく扱われ、過疎や高齢化、地方のさまざまな問題は隅っこに押しやられている。多くの人々が、首都圏のテレビ局のように、列島の隅々から目をそらしてしまえば、いずれ、国が力を失うかもしれないと考えている。

地方局で放送活動を続けてきた我々も、微力ではあるが地方の問題を中央に向けて発信し続けてきた。瀬戸内海の美しい島、豊島に都会の産業廃棄物が大量に不法投棄された問題をはじめ、地方の埋もれてしまいそうな問題を取り上げ、ドキュメンタリー番組に仕上げ全国に発信してきた。

現在も、ゴールデンタイムに、一時間の報道ドキュメンタリー番組を放送するという、全国の民放でも例のないレギュラー番組を堅持している。二〇一二(平成二十四)年にスタートさせ、もう九年になる。視聴率の取れないドキュメンタリー番組を、午後八時からのゴールデンタイムで放送するというのは、営業サイドからするととんでもない暴走であったかもしれない。

こうした異例ともいえる編成は、視聴率の面から、スポット売り上げの足を引っ張り、制作費もかかることから、財務上はマイナスになるため、なかなか踏み切れない編成である。

番組のタイトルは「メッセージ」。放送局からのメッセージというより視聴者や取材対象者からのメッセージを放送するという狙いだった。

全国の民放テレビ局（地上波）はおよそ百二十局ある。また民放ラジオ局（地上波。コミュニティ放送局除く）は約百局ある。東京のキー局を外し準キー局を除くと、いわゆるローカル局ということになる。百近いローカル局の一つ、出身地である岡山の地方局に就職して半世紀になってしまった。

地方局山陽放送での放送活動は、地方局らしい地味なスタートだったが、キー局でも二年間、番組制作に取り組んだことがあるが、五十年経ってみて、なかなか面白い地方局暮らしだったと思っている。拙文ではあるが、地方局で頑張る後輩たちに読んでもらいたいと願うものである。

原 憲一

Kenichi Hara

一九四七年岡山県備前市生まれ。七〇年関西大学商学部を卒業、アナウンサーとして山陽放送に入社。九〇年四月から JNNカイロ支局長を務め、湾岸戦争、クルド難民、ソマリアなどの取材で活躍。「日本人の目で見たものを出すべきだ」と現場主義を重んじ、解放後のクウェート取材でJNN特別賞を受けた。九三年四月に TBS「報道特集」キャスターに抜擢され、ゼネコン疑惑、グリコ森永事件時効など多くの現場に飛んだ。ローカルからキー局キャスターへの抜擢は初めてで、全国のローカル局記者に刺激を与えた。二〇〇二年報道制作局長、二〇〇三年取締役報道局長、二〇〇七年常務取締役報道制作局長。二〇一一年六月から代表取締役社長。二〇一二年にスタートさせたレギュラードキュメンタリー「メッセージ」が第五十三回ギャラクシー賞報道活動部門大賞受賞。二〇一九年よりRSKホールディングス会長。二〇二一年、社長兼務。

踏ん張れ地方局

片隅からのジャーナリズム

2021年6月29日　初版第1刷発行

著者　原《はら》 憲《けん》一《いち》
発行者　江草 明彦
装丁　小坂 仁士
発行　山陽新聞社
〒700-8634 岡山市北区柳町二丁目1番1号
tel 086-803-8164　fax 086-803-8104
印刷　株式会社三浦印刷所
製本　日宝綜合製本株式会社

ISBN 984-4-88197-763-7